U0396076

苏州四季野花资源

SUZHOU SIJI
YEHUA ZIYUAN
TUPU

苏州农业职业技术学院 编

苏州大学出版社
Soochow University Press

《苏州四季野花资源图谱》编写委员会

主　任：李振陆　傅　兵
副主任：周　军
委　员：尤伟忠　袁卫明　陈　军
　　　　余　俊　刘海明　赵茂锦

主　编：傅　兵
副主编：周　军
摄　影：张亿锋
撰　稿：陈立人　龚维红　韩　鹰
校　对：王　荷
策　划：夏　红

序

——在东吴大地上生生不息

花草如人，知风知雨知沃土！

有着2500余年历史的苏州，富饶温润，柔韧相交；人与自然共同孕育出人间天堂，物华天宝。这片沃土，城墙可以溯源历史，园林可以溯源人文，草鞋山遗址可以溯源人类早期文明；这片沃土，以依江靠湖的平原、精致玲珑的丘陵成就了鱼米之乡的江南；这片沃土，包容历史，荟萃四方，成就了开放圆融的现代。城市和人文在这片沃土上生生不息！

在农业发展方面，现代苏州不仅依然保留着“苏湖熟，天下足”的历史风采，更是新时代农业产业发展的样板田和始发地。这片沃土上不仅有碧螺春茶叶、东西山枇杷、太湖三白、阳澄湖大闸蟹等产品名片，还率先产生了“合作社”“观光园”“城乡融合”“农村电商”等业态名片。农业产业在这片沃土上生生不息！

112年前，为劝农而兴学，“苏农”选择了这片沃土。112年间，“苏农”从“学堂”到“学校”再到“学院”，筚路蓝缕，栉风沐雨，一路薪火相传；在过去和未来间思量、行动，成长于这片故土家乡，不负“支撑现代农业发展、成就师生精彩人生”的使命担当。“苏农”在这片沃土上生生不息！

“江南园林甲天下，苏州园林甲江南。”一座苏州园林，山水植物相配，自然人文交融，建筑小品纷呈，匠心匠艺独运，小园子蕴藏大天下。得天独厚的条件，使“苏农”成为近现代园艺园林职业教育的发祥地。伴随着苏州园林走向世界，“苏农”为“香山营造传艺、为苏州文化存根、为现代工匠扬名”也开启新的发端。“苏农”的园艺园林在这片沃土上生生不息！

在这片沃土上生生不息的尚有乡野花草，四时轮回为一方水土代言、为园艺园林添彩。这本《苏州四季野花资源图谱》集新老苏州人、百年苏州校之力量，为苏州的植物资源记录一角、存留一页、展示一面，供学人雅士参考，供学术专家指正，亦为幸事。

花草如人，生命有义！

苏州农业职业技术学院党委书记、教授： 李振陆

前 言

土地是大自然给予人类的最大馈赠。伴随着人类的发展，形成了以土地为基础条件的农业生产，继而发展为农业科学，进而再指导农业产业的发展、提升。在农业科学及农业产业的发展过程中，又细分出了很多学科，这从一个方面代表着科学技术的进步和人类生活水平的提高，我们从园艺学科及产业的发展中可见一斑。传统的园艺生产主要包括蔬菜、果树的生产，我国的现代园艺事业自中华人民共和国成立之始进入发展时期，改革开放以来进入快速发展阶段，科学技术的发展、经济水平的提升，推动了园艺产业的繁荣，其生产技术从传统栽培发展到组织培养、温室技术、无土栽培、基因技术等，产品形式除了蔬菜、果品及其新品种之外，观赏园艺产品得到了蓬勃的发展，园艺产业不仅由实物产品的生产构成，更产生了功能拓展的插花艺术、园艺治疗等新的产业概念。园艺在人们的生活中已经不再是简单的青菜萝卜苹果梨，也不再是单一的玫瑰茉莉大丽菊，观赏园艺已经进入寻常百姓家，功能性植物研究也进入医学领域及营养领域。

“苏湖熟，天下足”，苏州得天独厚的地理位置，四季分明的气候条件，水网交织、土壤肥沃的地质条件，为传统农业生产提供了优厚的基础。苏州历史上又多文人雅士，留下了拙政园、沧浪亭等江南私家园林的代表，其中的植物与山石、水面、房屋有机结合，交相辉映，使人工美和自然美浑然一体；乔、灌、藤、草，看似不经意的植物布局，却体现了观花、观果、观叶集于一园四季的雅趣，把“生境”升华为“画境”，真正是观赏园艺的佳作。

一座园林，蕴含着造园者的智慧积累与人生思考；一所学校，蕴含着办学者的初衷情怀。苏州府官立农业学堂，由当时的苏州知府何刚德创办于 1907 年。何刚德（1855—1936），字彝毅，号肖雅，晚号平斋，福建闽侯人，为晚清苏州最后一任知府。身为父母官，他在任期间，兴办实事，造福百姓，“汲汲以兴学劝农”，苏州农业职业技术学院的前身由此诞生。112 年来，学校十易其名，唯“苏”唯“农”不变，以“励志耕耘，树木树人”为校训，秉承初心，矢志不改，先后培养出了以我国花卉学先驱章守玉、果树学先驱胡昌炽、林业专家胡大勋、果树专家孙云蔚、园林植物学家张宇和等为杰出代表的数万名农业专门人才，成为我国近现代园艺职业教育的发祥地。

苏农有责，在江南农耕文化弘扬、园艺职业教育开拓、苏州园林技艺传承之路上殚精竭虑。苏农有幸，生于斯，长于斯。江南的山水林苑，四季皆有草木葱茏，江南的阳春三月，草长莺飞杂树生花，江南的秋冬霜雪中，橘红梅香还伴着樟绿和桂雅，从来不缺植物的生机。即便是这块土地上的野花，也是春夏花似锦、秋冬不寂寞。

为了在专业教学中利用好地方植物资源，我们专门系统征集了苏州辖区内拍摄到的四季野花照片，用于专业课程教学资源建设。为进一步发挥学校的社会服务功能以及书籍的专业功能、记录功能、科普功能、宣传功能、传承功能和美育功能，此次专门选取230余种成集出版《苏州四季野花资源图谱》，为记录苏州的植物资源留下特殊的一笔，希冀从中望得见山、看得见水，记得住苏州的乡愁。供同好欣赏，供学人、雅士参考，供学术专家指正！

目录

上编·春夏花似锦

下编·秋冬不寂寞

上编

春夏花似锦

1 菝葜

百合科 菝葜属 攀缘灌木

茎长1～3m，少数可达5m，疏生刺。叶薄革质或坚纸质，干后通常红褐色或近古铜色，圆形、卵形或其他形状，一般长3～10cm，背面通常淡绿色，较少苍白色；叶柄长5～15mm，有叶鞘，有卷须。伞形花序生于叶尚幼嫩的小枝上，有十几朵或更多的花，常呈球形；总花梗长1～2cm；花序托稍膨大，近球形，有的稍延长，有小苞片；花绿黄色，外花被片长3.5～4.5mm，宽1.5～2mm，内花被片稍狭。浆果，熟时红色，有粉霜。花期2—5月，果期9—11月。生于林下、灌丛、山坡，可用于攀附岩石、假山，也可作地面覆盖。

有祛风湿、利小便、消肿毒、止痛的功效。

2 点地梅

报春花科 点地梅属 一年生或二年生草本

全株被节状的细柔毛；主根不明显，具多数须根。叶全部基生，叶片近圆形或卵圆形，被开展的柔毛。花葶通常数枚自叶丛中抽出，高4～15cm，被白色短柔毛；伞形花序4～15花；苞片卵形至披针形，花梗纤细，长1～3cm，果时伸长可达6cm，被柔毛并杂生短柄腺体；花萼杯状，长3～4mm，密被短柔毛；花冠白色，直径4～6mm，筒部长约2mm，短于花萼，喉部黄色，裂片倒卵状长圆形。蒴果近球形，直径2. 5～3mm，果皮白色，近膜质。花期2—4月，果期5—6月。喜湿润、温暖的环境。

植株入药，有清热解毒、消肿止痛的功效。

3 繁缕

石竹科 繁缕属 一年生草本

别名鹅耳伸筋、鸡儿肠。茎纤细，蔓延地上或上升，基部多分枝，下部节上生根，上部叉状分枝，常带淡紫红色，被1～2列毛。上部叶卵形，顶端渐尖或急尖，基部渐狭或近心形，全缘；基生叶有长柄，上部叶常无柄或有短柄。疏聚伞花序顶生；花梗细弱，萼片5，卵状披针形，花瓣白色，长椭圆形，深2裂达基部。蒴果卵形，稍长于宿存萼，顶端6裂，有多颗种子；种子卵圆形或近圆形，黑褐色，密生疣状突起。花期2—4月，果期5—6月。

茎、叶及种子供药用，嫩苗可食。
有清热解毒、消炎、活血止痛的作用。

4 韩信草

唇形科 黄芩属 多年生草本

根茎短，茎上升直立，高10～40cm，四棱形，通常带暗紫色。叶片草质或近坚纸质，心状卵圆形或圆状卵圆形或椭圆形，先端钝或圆，边缘密生整齐圆齿，两面被微柔毛或糙伏毛，叶柄腹平背凸，密被微柔毛。花对生，排列成顶生总状花序；花梗与序轴均被微柔毛，卵圆形，边缘有圆齿，全缘，无柄；花萼被硬毛及微柔毛；花冠蓝紫色，冠檐唇形，上唇盔状，下唇中裂片圆状卵圆形；花盘肥厚。成熟小坚果栗色或暗褐色。花、果期2—6月。生于路旁、疏林下或荒坡草地上。

有清热解毒、活血止痛、止血消肿的功效。

5 蓝花参

桔梗科 蓝花参属 多年生草本

茎直立或上升，有白色乳汁，长10～40cm，茎自基部多分枝，无毛或下部疏生长硬毛。叶互生，无柄或有长至7mm的短柄，常在茎下部密集。下部叶匙形、倒披针形或椭圆形；上部叶条状披针形或椭圆形，边缘波状或有疏锯齿，或全缘。花梗极长，可达15cm，细而伸直；花萼无毛，筒部倒卵状圆锥形，裂片三角状钻形；花冠钟状，蓝色，长5～8mm，分裂达2/3，裂片倒卵状长圆形。蒴果呈倒圆锥状或倒卵状圆锥形，有10条不甚明显的肋。种子长圆状，光滑，黄棕色。花、果期2—5月。

以根或全草入药，益气补虚、祛痰、截疟。

6 山莓

蔷薇科 悬钩子属 直立灌木

又名树莓、山抛子。高1～3m，枝有皮刺。单叶，卵形或卵状披针形，正面色较浅，沿叶脉有细柔毛，背面色稍深，幼时密被细柔毛，沿中脉疏生小皮刺，边缘不分裂或3裂；叶柄长1～2cm，疏生小皮刺，幼时密生细柔毛；托叶线状披针形，有柔毛。花单生或少数生于短枝上，花梗有细柔毛，花直径可达3cm；花萼外密被细柔毛，无刺；花瓣长圆形或椭圆形，白色，顶端圆钝。果实由很多小核果组成，近球形或卵球形，直径1～1. 2cm，红色，密被细柔毛。花期2—3月，果期4—6月。

山莓具有很好的营养价值，可食用也可药用。

7 碎米荠

十字花科 碎米荠属 一年生小草本

高15～35cm，茎直立或斜升，分枝或不分枝，下部有时淡紫色，上部毛渐少。基生叶有叶柄，顶生小叶肾形或肾圆形；茎生叶有短柄；全部小叶两面稍有毛。总状花序生于枝顶，花小，直径约3mm，花梗纤细，长2.5～4mm；萼片绿色或淡紫色，长椭圆形，外面有疏毛；花瓣白色，倒卵形，长3～5mm，顶端钝，向基部渐狭。长角果线形，稍扁，无毛，长达30mm；果梗纤细，直立开展，长4～12mm。种子椭圆形，宽约1mm，顶端有的有明显的翅。花期2—4月，果期4—6月。

碎米荠可食用，也可药用，具有清热祛湿的功效。

8 酢浆草

酢浆草科 酢浆草属 多年生草本

高30～35cm，全株被柔毛。根茎匍匐或斜升，茎细弱，多分枝，直立或匍匐。叶基生或茎上互生；托叶小，长圆形或卵形，叶柄长1～13cm，基部有关节；小叶3，无柄，倒心形，长4～16mm，宽4～22mm，先端凹入，基部宽楔形，两面被柔毛或表面无毛。花单生或数朵集为伞形花序状，腋生，总花梗淡红色，与叶近等长，花梗长4～15mm，果后延伸；花瓣5，黄色，长圆状倒卵形，长6～8mm，宽4～5mm。蒴果长圆柱形，长1～2.5cm，5棱。种子长卵形，长1～1.5mm，褐色或红棕色。花、果期2—9月。

喜向阳、温暖、湿润的环境。用于庭园栽培，常作观赏植物。

9 阿拉伯婆婆纳

玄参科 婆婆纳属 铺散多分枝草本

高10～50cm，茎密生两列柔毛。叶2～4对，有短柄，卵形或圆形，基部浅心形，边缘有钝齿，两面疏生柔毛。总状花序很长；苞片互生，与叶同形且几乎等大；花梗比苞片长，有的超过1倍；花冠蓝色、紫色或蓝紫色，长4～6mm，裂片卵形或圆形，喉部疏被毛；雄蕊短于花冠。蒴果肾形，被腺毛，成熟后几乎无毛，网脉明显，凹口角度超过90度，裂片钝，宿存的花柱长约2.5mm；种子背面有深的横纹。花期3—5月。可做绿化栽植。

全草药用，有祛风除湿、壮腰、截疟的功效。

10 安徽碎米荠

十字花科 碎米荠属 多年生草本

植株高20～35cm，根状茎粗壮，直立，无匍匐茎；茎直立，自基部分枝，有疏柔毛。基生叶叶柄长3～10cm，羽状复叶有1对小叶，顶生小叶近圆形，长1.2～3cm，宽1.4～3.5cm，边缘有圆钝齿，基部浅心形，侧生小叶小而同形，茎生叶叶柄长1.5～6cm，羽状复叶有1～2对小叶。总状花序顶生或腋生，花梗长3～5mm，萼片长椭圆形，花瓣白色，倒卵状匙形，长4～5mm，宽1.5～2mm。果梗长10～15mm；种子长椭圆形，稍扁，浅褐色。花期3—4月，果期4—5月。生于山谷阴坡。

有清热利湿的功效，内服可以治疗尿道炎等，外用治疗疮。

11 白鹃梅

蔷薇科 白鹃梅属 落叶灌木

高达3～5m，枝条细弱开展；小枝圆柱形，微有棱角，无毛；冬芽三角卵形，平滑无毛，暗紫红色。叶片椭圆形，长椭圆形或长圆倒卵形，先端圆钝或急尖，稀有突尖；基部楔形或宽楔形，两面均无毛；叶柄短或近于无柄。总状花序无毛；花梗基部较顶部稍长，无毛；苞片小，宽披针形；花直径2.5～3.5cm，萼筒浅钟状，无毛；花瓣5，倒卵形，先端钝，基部有短爪，白色。蒴果有5棱脊，果梗长3～8mm，种子有翅。花期3—4月。适应性强，宜在草地、林缘、路边及假山岩石间配植。

12 宝盖草

唇形科 野芝麻属 一年生或二年生草本

别名珍珠莲、佛座草。茎高10～30cm，常带紫色，基部多分枝，四棱形，中空。茎下部叶有长柄，上部叶无柄，叶片圆形或肾形，先端圆，基部截形或截状阔楔形，半抱茎。轮伞花序6～10花，苞片披针状钻形，有缘毛。花萼管状钟形，外面密被白色直伸长柔毛，披针状锥形，花冠紫红或粉红色，外面除上唇被有较密带紫红色的短柔毛外，其余均被微柔毛。小坚果倒卵圆形，有三棱，淡灰黄色，表面有白色大疣状突起。花、果期3—6月。

全草具有清热祛湿、活血祛风、消肿解毒等功效。

13 春飞蓬

菊科 飞蓬属 一年生或多年生草本

成株高30～90cm，茎直立，较粗壮，绿色，上部有分枝，全体被开展长硬毛及短硬毛。叶互生，基生叶莲座状，叶柄基部常带紫红色，叶缘具粗齿，花期不枯萎，匙形，茎生叶半抱茎；中上部叶披针形或条状线形，边缘有疏齿。头状花序数枚，直径1～1.5cm，排成伞房或圆锥状花序；总苞半球形，总苞片3层，草质，披针形，长3～5mm，淡绿色，边缘半透明，中脉褐色，背面被毛；舌状花2层，白色略带粉红色，管状花两性，黄色。瘦果披针形，被疏柔毛。花期 3—5月。为常见野草。

14 刺果毛茛

毛茛科 毛茛属 二年生草本

茎高10～30cm，自基部多分枝，倾斜上升，近无毛。基生叶和茎生叶均有长柄；叶片近圆形，长、宽为 2～5cm，顶端钝，基部截形或近心形，3中裂至3深裂，裂片宽卵状楔形，边缘有缺刻状浅裂或粗齿，通常无毛。花多，直径 1～2cm；花梗与叶对生，散生柔毛；花瓣5，狭倒卵形，长 5～10mm，顶端圆，基部狭窄成爪。聚合果球形，直径达1. 5cm；瘦果扁平，椭圆形，长约5mm，宽约3mm，两面各生有一圈10多枚刺，刺直伸或钩曲。花期3—4月，花鲜黄，可供观赏。

全草可用于治疗疮疖。

15 二月兰

十字花科 诸葛菜属 一年或二年生草本

别名诸葛菜。高可达50cm，无毛，茎直立。基生叶及下部茎生叶大头羽状全裂，顶裂片近圆形或短卵形，侧裂片卵形或三角状卵形，叶柄疏生细柔毛；花紫色、浅红色或褪成白色，花萼筒状，紫色，花瓣宽倒卵形，密生细脉纹。长角果线形，种子卵形至长圆形，黑棕色。花期3—4月，果期4—5月。诸葛菜适应性强、耐寒、萌发早、喜光、对土壤要求不严。生在平原、山地、路旁或地边。花期可达一个月，是不可多得的早春观花、冬季观绿的地被植物。

嫩茎叶可作野菜食用，种子可榨油。

16 还亮草

毛茛科 翠雀属 一年生或二年生草本

茎高30～70cm，无毛或上部疏被反曲的短柔毛，等距生叶，分枝。叶为二至三回近羽状复叶，有较长柄或短柄，近基部叶在开花时常枯萎；叶片菱状卵形或三角状卵形，对生，通常分裂近中脉，表面疏被短柔毛，背面无毛或近无毛；叶柄长2. 5～6cm。总状花序有花 2～15朵；轴和花梗被反曲的短柔毛；基部苞片叶状，花长 1～1. 8cm；萼片堇色或紫色，椭圆形或长圆形，外面疏被短柔毛；花瓣紫色，无毛，上部变宽。蓇葖果长1. 1～1. 6cm；种子扁球形。3—5月开花。常见于丘陵草坡，可大量栽植在花园中。

有祛风除湿、止痛活络的功效。

17 红花酢浆草

酢浆草科 酢浆草属 多年生直立草本

无地上茎，地下球状鳞茎，鳞片膜质，褐色。叶基生，叶柄被毛；小叶3，扁圆状倒心形，长1～4cm，宽1.5～6cm，顶端凹入，两侧角圆形，表面绿色，背面浅绿色；托叶长圆形，顶部狭尖。总花梗基生，二歧聚伞花序，花梗、苞片、萼片均被毛；花梗长5～25mm，萼片披针形，花瓣5，倒心形，长1.5～2cm，淡紫色至紫红色，基部颜色较深；花丝被长柔毛；花柱被锈色长柔毛。花、果期3—12月。红花酢浆草小花繁多，烂漫可爱，可布置成花坛、花境、花丛、花群及花台等。

全草入药，治跌打损伤、赤白痢，可止血。

18 戟叶堇菜

堇菜科 堇菜属 多年生草本

无地上茎，根状茎通常较粗短，斜生或垂直生，有数条粗长的淡褐色根。叶多数，均基生，莲座状；叶片狭披针形、长三角状戟形或三角状卵形。花白色或淡紫色（偶见蓝花），有深色条纹，花梗细长，萼片卵状披针形或狭卵形，上方花瓣倒卵形，侧方花瓣长圆状倒卵形，里面基部密生或有时生较少量的须毛，下方花瓣通常稍短。蒴果椭圆形或长圆形，长6～9mm，无毛。花期3—4月。生于田野、路边、山坡草地、灌丛、林缘等处。

全草可药用，清热解毒、消肿散瘀；也可作猪饲料或绿肥。

19 假活血草

唇形科 黄芩属 一年生草本

根茎斜行，细弱，在节上生出纤维状的细根及长而无叶的匍匐枝。茎直立或基部伏地而上升，四棱形，通常密被平展的柔毛。茎下部叶通常圆形或圆状卵圆形，边缘有近于规则的4～7对圆齿，草质，正面绿色，背面苍白色；茎中部及上部叶卵圆形或披针状卵圆形。花单生于茎中部以上或茎上部的叶腋内；花冠淡紫或蓝紫色，外疏被短柔毛，内无毛；冠筒直伸，冠檐2唇形。小坚果黄褐色，卵球形，顶端有果脐。花期3—4月，果期4月。常见于密林下。

具有清热祛湿、泻火解毒的功效，药用价值极高。

20 金疮小草

唇形科 筋骨草属 二年生草本

又名苦地胆。茎匍匐，被白色长柔毛，幼嫩部分尤多，老茎有时紫绿色。叶纸质，匙形或倒卵状披针形，顶端钝至圆形，基部渐狭下延，两面被疏糙伏毛或疏柔毛；叶柄有狭翅，呈紫绿色或浅绿色。穗状轮伞花序顶生，外被疏柔毛，花萼漏斗状，花冠管状，淡蓝色或淡红紫色，长8～10mm，近基部有毛环。小坚果倒卵状三棱形，背部有网状皱纹。花期3—7月，果期5—11月。在长江流域以南各省分布较广。

有止咳化痰、清热凉血、消肿解毒等功效，
非常适合易上火或有炎症的人群作为茶饮。

21 苦苣菜

菊科 苦苣菜属 一年生或二年生草本

有直伸纺锤状根。茎中空，直立高50～100cm，单生；下部无毛，中上部及顶端有稀疏腺毛。基生叶羽状深裂，长椭圆状广倒披针形，长15～20cm, 宽3～8cm。头状花序，少数在茎枝顶端排成紧密的伞房花序或总状花序或单生茎枝顶端，总苞片顶端长急尖，外面无毛或外层、中内层上部沿中脉有少数头状有柄的腺毛；舌状小花多数，黄色。瘦果褐色，长约3mm，长椭圆形或长椭圆状倒披针形，冠毛白色，长约7mm，单毛状，彼此纠缠。花、果期3—10月。

全草既可食用也可药用，有清热解毒、凉血止血、祛湿降压的功效。

22 老鸦瓣

百合科 郁金香属 多年生小草本

别名山慈姑、光慈姑。地下具有卵圆形鳞茎；鳞茎皮纸质，茎长10～25cm，通常不分枝。叶2枚，长条形，长10～25cm，远比花长，表面无毛。花单朵顶生，靠近花的基部有2枚对生（较少3枚轮生）的苞片，苞片狭条形，长2～3cm；花被片狭椭圆状披针形，白色，背面有紫红色纵条纹；雄蕊3长3短，花丝无毛，子房长椭圆形；花柱长约4mm。蒴果近球形，有长喙，长5～7mm。花期3—4月，果期4—5月。生于山坡、草地及路旁。

鳞茎供药用，有清热解毒、散结消肿的功效，又可提取淀粉。

23 流苏树

木犀科 流苏树属 落叶灌木或小乔木

原产我国，国家二级保护植物。分布于疏林、灌丛中，山坡上及河边。小枝灰褐色或黑灰色，无毛；幼枝淡黄色或褐色，被短柔毛。叶片革质或薄革质，长圆形、椭圆形或圆形，叶缘稍反卷。聚伞状圆锥花序，生于枝端，近无毛；花冠白色，4深裂，裂片线状倒披针形，花冠管短。果椭圆形，被白粉，呈蓝黑色或黑色。花期3—6月，果期6—11月。树形高大优美，既是优良的园林观赏树种，也可用于制作盆景。

花、嫩叶晒干可代茶，果可提炼芳香油，木材可制器具。

24 猫爪草

毛茛科 毛茛属 一年生草本

簇生多数肉质小块根，块根卵球形或纺锤形，顶端质硬，形似猫爪，直径3～5mm。茎铺散，高可达20cm，多分枝，较柔软，大多无毛。基生叶有长柄，叶片形状多变，多宽卵形或圆肾形；茎生叶无柄，叶片较小，裂片线形。花单生茎顶和分枝顶端，萼片外面疏生柔毛；花瓣黄色变至白色，倒卵形，5～7或更多，长6～8mm，基部有长约0.8mm的爪，蜜槽棱形。聚合果近球形，瘦果卵球形。花期早，春季3月开花，4—7月结果。生于平原湿草地或田边荒地。

植物块根可作药用，具有散结消瘀的功效，主治淋巴结核。

25 毛茛

毛茛科 毛茛属 多年生草本

茎直立，高可达70cm，有伸展的白色柔毛。基生叶和茎下叶有长柄，叶片圆心形或五角形，基部心形或截形，中裂片倒卵状楔形、宽卵圆形或菱形，两面贴生柔毛，叶柄生开展柔毛；裂片披针形，有尖齿牙或再分裂。聚伞花序有多数花，疏散；花贴生柔毛，花黄色，直径约2cm；萼片椭圆形，生白柔毛；花瓣5，倒卵状圆形，花托短小，无毛。聚合果近球形，直径6～8mm；瘦果扁平。花期3—5月。喜生于田野、湿地、河岸、沟边及阴湿的草丛中。

全草含原白头翁素，有毒；捣碎外敷可截疟、消肿及治疮癣。

26 南苜蓿

豆科 苜蓿属 一年或二年生草本

又名黄花草子、金花菜。高20～90cm，茎平卧、上升或直立，近四棱形，基部分枝，无毛或微被毛。羽状三出复叶；小叶倒卵形或三角状倒卵形，纸质，先端钝，近截平或凹缺，有细尖，基部阔楔形，边缘在三分之一以上有浅锯齿，正面无毛，背面被疏柔毛，无斑纹。花序头状伞形，花冠黄色。荚果盘形，暗绿褐色，顺时针方向紧旋1. 5～2. 5圈（少数可达6圈），种子长肾形。花期3—5月，果期5—6月。

草食家畜的优质饲料和猪、鸡等单胃动物冬春较为理想的青绿饲料。根系发达，结瘤效果较好，固氮肥地的能力较强。

27 荠菜

十字花科 荠属 一年或二年生草本

株高10～50cm，茎直立，单一或从下部分枝。基生叶从生呈莲座状，大头羽状分裂，侧裂片3～8对，长圆形或卵形，顶端渐尖，浅裂或不规则粗锯齿或近全缘；茎生叶窄披针形或披针形，基部箭形，抱茎，边缘有缺刻或锯齿。总状花序顶生及腋生，萼片长圆形；花瓣白色，卵形，有短爪。短角果倒三角形或倒心状三角形，扁平，无毛，顶端微凹，裂瓣有网脉；种子2行，长椭圆形，浅褐色。花期3—5月，果期4—6月。

药食两用植物，具有很高的药用价值，
有利尿、止血、清热、明目、消积的功效。

28 清风藤

清风藤科 清风藤属 落叶攀缘木质藤本

嫩枝绿色，被细柔毛，老枝紫褐色，具白蜡层，常留有木质化成单刺状或双刺状的叶柄基部。芽鳞阔卵形，有缘毛。叶近纸质，卵状椭圆形，长3.5～9cm，宽2～4.5cm，叶面深绿色，中脉有稀疏毛，叶背带白色，脉上被稀疏柔毛。花先叶开放，单生于叶腋，基部有苞片4枚，苞片倒卵形，萼片5，近圆形或阔卵形，有缘毛；花瓣5片，淡黄绿色，倒卵形或长圆状倒卵形，长3～4mm，有脉纹。分果，近圆形或肾形，直径约5mm。花期3—4月，果期5—8月。

茎、叶或根入药，主治风湿痹痛、肌肉麻木、皮肤瘙痒及疮毒。

29 球序卷耳

石竹科 卷耳属 一年生草本

高10～20cm，茎单生或丛生，密被长柔毛，上部混生腺毛。基生叶叶片呈匙形，茎生叶叶片倒卵状椭圆形，两面皆被长柔毛，边缘有缘毛，中脉明显。聚伞花序呈簇生状或头状；苞片草质，卵状椭圆形，密被柔毛；花梗细，长1～3mm，密被柔毛；萼片5，披针形，外面密被长腺毛，边缘狭膜质；花瓣5，白色，线状长圆形，与萼片近等长，顶端2浅裂，基部被疏柔毛。蒴果长圆柱形；种子褐色，扁三角形。花期3—4月，果期5—6月。

全草药用，治乳痈、小儿咳嗽，并有降压作用。

30 如意草

堇菜科 堇菜属 多年生草本

最高可达35cm，根茎横走，褐色，向上发出多条地上茎或匍匐枝，地上茎通常数条丛生，淡绿色，节间较长；匍匐枝蔓生，节上生不定根。基生叶三角状心形或卵状心形；茎生叶与基生叶片相似，叶柄较短；托叶披针形，全缘或有极稀疏的细齿和缘毛。花淡紫色或白色，单生于叶腋，有长梗，花梗中部以上有2枚线形小苞片；花萼卵状披针形，基部附属物呈半圆形极短，花瓣狭倒卵形，下方花瓣较短，有明显的暗紫色条纹。蒴果长圆形。花、果期3—6月。

有清热解毒、散瘀止血的功效。

31 三叶委陵菜

蔷薇科 委陵菜属 多年生草本

有纤匍枝，但有时不明显。基生叶掌状3出复叶，小叶片长圆形、卵形或椭圆形，顶端急尖或圆钝，基部楔形或宽楔形，边缘有多数急尖锯齿，两面绿色，疏生平铺柔毛，下面沿脉较密。茎生叶1～2片，小叶与基生叶小叶相似，唯叶柄很短，叶边锯齿减少。花茎纤细，直立或上升。伞房状聚伞花序顶生，多花，松散，花直径0.8～1cm；花瓣淡黄色，长圆倒卵形，顶端微凹或圆钝。成熟瘦果卵球形，表面有显著脉纹。花果期3—6月。喜阴湿环境。

根或全草入药，清热解毒、止痛止血，
对金黄色葡萄球菌有抑制作用。

32 石龙芮

毛茛科 毛茛属 一年或二年生草本

茎直立，上部多分枝，下部节上有时生根。基生叶多数，叶片肾状圆形，3深裂不达基部，裂片倒卵状楔形，顶端钝圆，有粗圆齿，无毛；茎生叶多数，下部叶与基生叶相似，上部叶较小，3全裂，裂片披针形或线形，顶端钝圆。聚伞花序有多数花，花小，萼片椭圆形，外面有短柔毛，花瓣5，黄色，倒卵形，基部有短爪；花托在果期伸长增大呈圆柱形，生短柔毛。聚合果长圆形，长8～12mm，为宽的2～3倍。花期3—5月。

全草含原白头翁素，有毒，药用能消结核、截疟及治痈肿、疮毒、蛇毒和风寒湿痹。

33 四川山矾

山矾科 山矾属 常绿小乔木

最高可达7m，嫩枝有棱，黄绿色，无毛。叶互生，叶柄长5～10mm，叶片薄革质，长圆形或狭椭圆形，长7～13cm，宽2～5cm，先端渐尖或长渐尖，基部楔形，边缘有尖锯齿；中脉在叶面凸起。穗状花序呈团伞状；苞片阔倒卵形，宽约2mm，背面有白色长柔毛或柔毛；花萼长约3mm，裂片长圆形，长约2mm，背面有白色长柔毛或微柔毛，花冠长3～4mm，5深裂几乎达基部。核果卵圆形或长圆形，长5～8mm，先端有直立的宿萼裂片，基部有宿存的苞片。花期3—4月，果期5—6月。可作园林绿化树种。

根有止咳、消胀的功能，叶可用于止咳嗽、喘逆。

34 酸模

蓼科 酸模属 多年生草本植物

最高可达100cm，有深沟槽，通常不分枝。基生叶和茎下部叶箭形，顶端急尖或圆钝，基部裂片急尖，全缘或微波状；茎上部叶较小，有短叶柄或无柄；托叶鞘膜质，易破裂。花序狭圆锥状，顶生，分枝稀疏；花单性，雌雄异株；花梗中部有关节。雄花内花被片椭圆形，雌花内花被片果时增大，近圆形，直径3.5～4mm，全缘，基部心形，网脉明显，基部有极小的瘤，外花被片椭圆形，反折。瘦果椭圆形，黑褐色，有光泽。花期3—5月，果期4—6月。

全草供药用，有凉血、解毒的功效；嫩茎、叶可作蔬菜及饲料。

35 天葵

毛茛科 天葵属 多年生草本

株高15～40cm，块根灰黑色，略呈纺锤形或椭圆形。茎丛生，纤细，直立，有分枝，表面有白色细柔毛。根生叶丛生，有长柄；1回3出复叶，小叶阔楔形，3裂，裂片先端圆，或有2～3小缺刻，正面绿色，背面紫色，光滑无毛，小叶柄短，有细柔毛；茎生叶与根生叶相似，唯由下而上，渐次变小。花单生叶腋，花柄果后伸长，中部有细苞片2枚；花小，白色。萼片5，花瓣状，卵形；花瓣5，楔形，较萼片稍短。果实荚状，熟时开裂，种子细小。花期3—4月，果期5—6月。

全草入药，具有消肿、解毒、利水等功效。

36 细叶风轮菜

唇形科 风轮菜属 一年生草本

通称瘦风轮。株高10～30cm，茎细而柔软，光滑或有微柔毛，基部匍匐地表，单一，稀分枝，无显著的四棱。最下部的叶圆卵形，细小，长约1cm，宽0. 8～0. 9cm，先端钝，基部圆形，边缘有疏圆齿，较下部或全部叶均为卵形，较大，薄纸质。轮伞花序疏离或密集茎端，苞片短于花柄或近等长；花萼外面脉上有短毛；花冠唇形，淡红色或紫红色，气味芳香。小坚果倒卵形，淡黄色，光滑。花期3—4月，果期5—6月。喜湿。

全草入药，有清热解毒、消肿止痛的功效，外用可治过敏性皮炎。

37 油桐

大戟科 油桐属 落叶乔木

最高可达10m，树皮灰色，近光滑；枝条粗壮，无毛，有明显皮孔。叶卵圆形，长8～18cm，宽6～15cm，全缘。叶正面深绿色、无毛，背面灰绿色，掌状脉5条；叶柄与叶片近等长，几乎无毛，顶端有2枚扁平、无柄腺体。花雌雄同株，先叶或与叶同时开放；花萼长约1cm，2裂，外面密被棕褐色微柔毛；花瓣白色，有淡红色脉纹，倒卵形，长2～3cm，宽1～1.5cm，顶端圆形，基部爪状。核果近球状，果皮光滑，种子3～4颗（少数可达8颗），种皮木质。花期3—4月，果期8—9月。

为工业油料植物；另可治疗风痰喉痹、痰火瘰疬、食积腹胀、大小便不通等。

38 芫花

瑞香科 瑞香属 落叶灌木

高0. 3～1m，多分枝；树皮褐色，无毛；小枝圆柱形，幼枝黄绿色或紫褐色，老枝紫褐色或紫红色，无毛。叶对生，纸质，边缘全缘，正面绿色，干燥后黑褐色，背面淡绿色，幼时密被绢状黄色柔毛，老时则仅叶脉基部散生绢状黄色柔毛。叶柄短或几乎无，有灰色柔毛。花比叶先开放，花紫色或淡蓝紫色，常3～6花簇生叶腋或侧生。花梗短，有灰黄色柔毛；花萼筒细瘦，筒状。果实肉质，白色，椭圆形，有1颗种子。花期3—5月，果期6—7月。

有利尿、镇咳、祛痰的功效。全株煮汁后可作农药，用以杀虫。

39 泽珍珠菜

报春花科 珍珠菜属 一年生或二年生草本

茎单生或数条簇生，直立，高10～30cm。基生叶匙形或倒披针形，具有狭翅的柄；茎叶互生，叶片倒卵形，先端渐尖或钝，基部渐狭，下延，边缘全缘或微皱呈波状，两面均有黑色或带红色的小腺点。植株全体无毛。总状花序顶生，初时因花密集而呈阔圆锥形，其后渐伸长，苞片线形，长4～6mm；花梗长约为苞片的2倍；花萼长3～5mm，分裂近达基部；花冠白色，长6～12mm，筒部长3～6mm，裂片长圆形或倒卵状长圆形，先端圆钝。花期3—6月，果期4—7月。

性味辛、涩、平。内服有活血、调经的功效，

40 长萼堇菜

堇菜科 堇菜属 多年生草本

植株通常近于无毛，无匍匐枝。叶基生，呈莲座状，叶片呈三角状卵形、三角形或戟形，基部两侧有明显的耳状垂片，通常平展。叶柄有狭翅，两面一般无毛，上面密生乳头状小白点，托叶3/4与叶柄合生，分离部分披针形，边缘疏生流苏状短齿，少见全缘。花梗细弱，中上部有2线形小苞片，萼片卵状披针形，花瓣淡紫色，花瓣长圆状倒卵形，长7～9mm；距管状，长2. 5～3mm。蒴果长圆形，无毛，种子卵球形，深绿色。花期3—4月，果期5—7月。多生在山坡草地、林缘、田边和溪旁。

全草入药，有清热消肿的功效。

41 掌叶复盆子

蔷薇科 悬钩子属 藤状灌木

株高1.5～3m，枝细，有皮刺。单叶，近圆形，基部心形，边缘掌状深裂，有重锯齿，有掌状脉5条；叶柄长2～4cm，微有柔毛或无毛，疏生小皮刺；托叶线状披针形。单花腋生，直径2.5～4cm；花梗长2～4cm，无毛；花瓣椭圆形或卵状长圆形，白色，顶端圆钝，长1～1.5cm，宽0.7～1.2cm。果实近球形，红色，密被灰白色柔毛；核有皱纹。花期3—4月，果期5—6月。喜湿润而不积水的土壤环境。

未成熟的干燥果实可入药，有益肾、固精与缩尿等功效。
含有丰富的水杨酸等物质，
广泛用于镇痛解热、抗血凝，能有效预防血栓。

42 浙贝母

百合科 贝母属 多年生草本

植株高50～80cm，鳞茎由2～3枚鳞片组成，直径1.5～3cm。最下面的叶对生或散生，向上常兼有散生、对生或轮生的，近条形或披针形，长7～11cm，宽1～2.5cm，先端不卷曲或稍弯曲。花1～6朵，淡黄色，有时稍带淡紫色，顶端的花有3～4枚叶状苞片，其余的有2枚苞片，苞片先端卷曲。花被片长2.5～3.5cm，宽约1cm，内外轮相似。蒴果长2～2.2cm，宽约2.5cm，棱上有宽约6～8mm的翅。花期3—4月，果期5月。喜温和湿润、阳光充足的环境。

有清热化痰、散结解毒的功效。

43 紫花地丁

堇菜科 堇菜属 多年生草本

全株有短白毛，无地上茎，根状茎短，垂直，节密生，有数条淡褐色或近白色的细根。叶基生，莲座状，叶片呈三角状卵形或狭卵形。花中等大，有长柄，紫堇色或淡紫色，少数呈白色，喉部色较淡并带有紫色条纹；花梗通常细弱，与叶片等长或高出叶片，花瓣倒卵形或长圆状倒卵形，侧方花瓣长。蒴果长圆形，长5～12mm，无毛。种子卵球形，长1.8mm，淡黄色。花期3—4月，有时10月也开花。生于田间、荒地、山坡草丛，可作庭园花境植物应用。

可药食两用，具有清热解毒、凉血消肿的功效。

44 紫堇

罂粟科 紫堇属 一年生灰绿色草本

最高可达50cm，茎分枝。基生叶有长柄，叶片近三角形，长5～9cm，正面绿色，背面苍白色，1～2回羽状全裂，一回羽片2～3对，有短柄，二回羽片近无柄，倒卵圆形，羽状分裂，裂片狭卵圆形；茎生叶与基生叶同形。总状花序长3～10cm，苞片卵形或狭卵形，花梗长约5mm，萼片小，花瓣粉红色或紫红色，平展，顶端2裂。蒴果线形，下垂，长约3cm，有1列种子，种子直径约1.5mm，密生环状小凹点。花期3—4月，果期4—5月。喜温暖湿润环境。

具有清热解毒、杀虫止痒、消除疮疡肿毒的功效。

45 半边莲

桔梗科 半边莲属 多年生草本

茎细弱，匍匐，节上生根，分枝直立，高6～15cm，无毛。叶互生，椭圆状披针形或条形。花通常1朵，生于分枝的上部叶腋；花梗细，基部有长约1mm的小苞片2枚、1枚或者没有，花萼筒倒长锥状，基部渐细，与花梗无明显区分，无毛，裂片披针形，约与萼筒等长，全缘或下部有1对小齿；花冠粉红色或白色，长10～15mm，背面裂至基部，喉部以下生白色柔毛。蒴果倒锥状，长约6mm；种子椭圆状，稍扁压，近肉色。4—5月开花。常生于潮湿处。

全草可供药用，有清热解毒、利尿消肿的功效。

46 半夏

天南星科 半夏属 多年生草本

块茎圆球形，直径1～2cm，有须根。叶2～5枚，叶柄长15～20cm，基部有鞘，鞘内、鞘部以上或叶片基部（叶柄顶头）有直径3～5mm的珠芽。幼苗叶片卵状心形或戟形，为全缘单叶，侧脉8～10对。花序柄长25～30cm（少数可达35cm），长于叶柄。佛焰苞绿色或绿白色，管部狭圆柱形，檐部长圆形，绿色，有时边缘青紫色，钝或锐尖；肉穗花序，雌花序长2cm，雄花序长5～7mm。浆果卵圆形，黄绿色，先端渐狭为明显的花柱。花期4—6月。是旱地中的杂草之一。

具有燥湿化痰、降逆止呕的功效，外用可消疖肿；兽医用以治锁喉癀。

47 半枝莲

唇形科 黄芩属 多年生草本

茎直立，四棱形。叶有短柄或近无柄，柄长1～3mm，腹凹背凸，疏被小毛；叶片三角状卵圆形或卵圆状披针形，先端急尖，边缘生有疏而钝的浅牙齿，正面橄榄绿色，背面淡绿色，有时带紫色。花单生于茎或分枝上部叶腋内，花冠紫蓝色，外被短柔毛，内在喉部疏被柔毛，冠筒基部囊大，宽1.5mm，向上渐宽，至喉部宽达3.5mm；冠檐2唇形，上唇盔状、半圆形，下唇中裂片梯形、全缘。小坚果褐色，扁球形，径约1mm，有小疣状突起。花、果期4—7月。

具有清热解毒、活血化瘀、消肿止痛、抗癌的功效。

48 抱茎小苦荬

菊科 小苦荬菜属 多年生草本

茎高30～60cm，有白色乳汁，光滑，上部多分枝。基部叶有短柄，倒长圆形，边缘有齿或不整齐羽状深裂，叶脉羽状；中部叶无柄，中下部叶线状披针形，上部叶卵状长圆形，先端渐狭成长尾尖，基部变宽成耳形抱茎，全缘，有齿或羽状深裂。头状花序组成伞房状圆锥花序；舌状花多数，黄色，舌片长5～6mm，宽约1mm，筒部长1～2mm。果实长约2mm，黑色，有细纵棱。花、果期4—7月。

全草可入药，主治痈疮肿毒、外伤肿痛等；
嫩茎叶可作鸡、鸭饲料，全株可作猪饲料。

49 翅果菊

菊科 翅果菊属 一二年生草本

茎直立，单生，高0.4～2m。全部茎叶线形、线状长椭圆形或椭圆形，边缘有稀疏的尖齿或几乎全缘，中部茎叶长达20cm，茎叶顶端长、渐急尖或渐尖，基部楔形渐狭，无柄，两面无毛。头状花序沿枝顶端排成圆锥花序或总状圆锥花序，全部苞片边缘染紫红色，舌状小花25枚，黄色。瘦果椭圆形，黑色，边缘有宽翅，有喙和细纵脉纹。花、果期4—11月。

含有大量的膳食纤维和果胶，可作蔬菜食用，有清肠排毒的功效。根可药用，有清热解毒、祛风除湿、活血化瘀、理气的功效。

50 刺儿菜

菊科 刺儿菜属 多年生草本

别名小蓟。地下部分常大于地上部分，有长根茎。茎直立，高20～50cm，幼茎被白色蛛丝状毛，有棱。叶互生，基生叶花时凋落，下部和中部叶椭圆形、长椭圆形或椭圆状倒披针形，长7～10cm、宽1.5～2.5cm，顶端钝或圆形，基部楔形，表面绿色、背面淡绿色，两面有疏密不等的白色蛛丝状毛。头状花序单生茎端，雌雄异株，雌花序较雄花序大；总苞片6层，雄花花冠长约17～20mm，雌花花冠长约26mm。瘦果淡黄色。花期4—7月。适应性较强。

嫩茎叶可作蔬菜或很好的猪饲料；全草入药，有止血、利尿的功效。

51 刺槐

豆科 刺槐属 落叶乔木

别名洋槐，高10～25m。树皮灰褐色或黑褐色，常浅裂至深纵裂。小枝灰褐色，有托叶刺。奇数羽状复叶，小叶2～12对，常对生，椭圆形、长椭圆形或卵形，先端圆，微凹，有小尖头，基部圆至阔楔形，全缘，正面绿色，背面灰绿色。总状花序，下垂，花多数，芳香；苞片早落；花梗长7～8mm；花冠白色，旗瓣近圆形，反折，内有黄斑，翼瓣斜倒卵形，与旗瓣近等长，长约16mm，基部一侧有圆耳，龙骨瓣镰状，三角形，与翼瓣等长或稍短，前缘合生，先端钝尖。荚果褐色。花期4—6月，果期8—9月。

刺槐是优良的蜜源植物。

52 大巢菜

豆科 野豌豆属 一二年生草本

也称箭舌豌豆、救荒野豌豆。高30～100cm，根茎匍匐，茎柔细斜升或攀缘，有棱，疏被柔毛。偶数羽状复叶长7～12cm，叶轴顶端卷须发达；托叶半戟形，有2～4裂齿；小叶4～8对，长卵圆形或长圆披针形，先端钝或平截，微凹，有短尖头，基部楔形，两面被疏柔毛。花1～2朵生于叶腋，紫红色，旗瓣近提琴形，先端凹，翼瓣短于旗瓣，龙骨瓣内弯，最短。花萼钟状，萼齿5，披针形。荚果扁平近无毛，种子圆球形，成熟时黑褐色。花期4—5月，果期7—8月。

可作为牧草，也可用作蔬菜。叶、花及果药用有清热、消炎、解毒之效。

53 弹刀子菜

玄参科 通泉草属 多年生草本

株高10～50cm，粗壮，全体被白色长柔毛。根状茎短；茎直立，圆柱形，不分枝或在基部分2～5枝，老时基部木质化。基生叶匙形；茎生叶对生，上部的常互生，无柄，长椭圆形至倒卵状披针形，纸质，边缘有不规则锯齿。总状花序顶生，长2～20cm，花稀疏；苞片三角状卵形；花萼漏斗状，果时增长达16mm，披针状三角形，10条脉纹明显；花冠蓝紫色，长约15～20mm，花冠筒与唇部近等长。蒴果扁卵球形，长2～3.5mm。花期4—6月，果期7—9月。喜湿润的环境。

具有清热解毒、凉血散瘀的功效。

54 稻槎菜

菊科 稻槎菜属 一年或二年生草本

别名稻骨子草、田荠、鹅里腌。高7～20cm，茎细，自基部发出多数或少数的簇生分枝及莲座状叶丛；全部茎枝柔软，被细柔毛或无毛。基生叶椭圆形、长椭圆状匙形或长匙形，有叶柄，顶裂片卵形、菱形或椭圆形；茎生叶少数，与基生叶同形并等样分裂，向上茎叶渐小，不裂。全部叶质地柔软，两面同为绿色，或背面为淡绿色，几无毛。头状花序小，在茎枝顶端排列成疏松的伞房状圆锥花序，花序梗纤细；舌状小花黄色，两性。瘦果淡黄色，长椭圆形或长椭圆状倒披针形。花、果期4—5月。

可用作猪饲料。

55 冬青

冬青科 冬青属 常绿乔木

别名不冻紫、顶树子、冻江木、冻青树、观音茶，一般高约13m，树皮灰色或淡灰色，有纵沟。当年生小枝呈浅灰色，具有细棱。单叶互生，稀对生；叶片革质，长圆形、椭圆形或披针形，叶正面绿色，有光泽，背面淡绿色。聚伞花序或伞形花序，单生于当年生枝条的叶腋内或簇生于2年生枝条的叶腋内；花小，白色、粉红色、淡紫色或紫红色，雌雄异株。浆果状核果，球形，成熟时红色。花期4—6月，果期7—12月。可作观果树及树桩盆景。

种子、根、皮入药为强壮剂，有补肝强筋、补肾健骨的功效；叶有清热解毒的作用。

56 鹅掌草

毛茛科 银莲花属 多年生草本

植株最高可达40cm。根状茎斜，近圆柱形，节间缩短。基生叶1～2枚，有长柄，五角形；叶片薄草质，基部深心形，3全裂，中全裂片菱形，3裂，末回裂片卵形或宽披针形。花葶只在上部有疏柔毛；苞片3，似基生叶，无柄，不等大，菱状三角形或菱形，花1～3朵，白色，微带粉红色，直径2～2. 5cm；萼片5，白色，倒卵形或椭圆形，顶端钝或圆形，外面有疏柔毛。花期4月，果期7—8月。常见于林下。宜布置花坛、花境，或成片栽植于疏林下、草坪边缘。

具有药用价值，根状茎可治跌打损伤。

57 伏生紫堇（夏天无）

罂粟科 紫堇属 多年生草本

茎细弱，长17～30cm，不分枝。基生叶有长柄，柄长达10cm，叶片轮廓近正三角形，长约6cm，2回3出全裂，末回裂片有短柄，倒卵形；茎生叶2～3，似基生叶而较小，有柄或无柄。总状花序长达4cm，苞片狭倒卵形，长5～7mm，下部花梗长达1.2cm；花瓣紫色，上面花瓣长1.4～1.7cm，瓣片近圆形，顶部微凹，边缘波状，距圆筒形，长6～8mm，平直或稍向上弯曲。花期4—5月。长于低山草坡，初夏来临前完成开花、结果的生命过程，故又称夏天无。

根入药，有行气活血、通络止痛的功效。

58 附地菜

紫草科 附地菜属 一年生草本

茎通常多条丛生，高5～40cm，基部略呈淡紫色，多分枝，细弱，被短糙平伏毛。基生叶呈莲座状，有叶柄，叶片匙形、椭圆形或披针形，长1～3cm，宽5～15mm，互生，先端圆钝，基部楔形或渐狭，两面被糙伏毛；茎上部叶长圆形或椭圆形，下部叶有短柄，上部叶无柄。总状花序顶生，幼时卷曲，后渐次伸长，花梗短，长3～5mm，花后伸长，顶端与花萼连接部分变粗呈棒状，花萼5裂，花冠淡蓝色或粉色，筒部甚短。花期4—5月。

入药有温中健胃、消肿止痛、止血的功效，用于胃痛、吐酸、吐血的治疗，外用可治跌打损伤、骨折。

59 枸骨

冬青科 冬青属 常绿灌木或小乔木

树皮灰白色，高1～3m。叶片厚革质，四角状长圆形或卵形，先端有3枚尖硬刺齿，中央刺齿常反曲，两侧各有1～2刺齿，有时全缘，叶面深绿色，有光泽，背面淡绿色，无光泽。花序簇生于二年生枝的叶腋内，基部宿存鳞片近圆形，苞片卵形，先端钝或有短尖头，被短柔毛和缘毛；花淡黄色，4基数。果球形，成熟时鲜红色，基部有四角形宿存花萼。花期4—5月，果期9—11月。是良好的观叶、观果树种。

根、枝、叶和果均入药，根有滋补强壮、活络、清风热、祛风湿的功效。

60 瓜子金

远志科 远志属 多年生草本

株高15～30cm，根圆柱形，表面褐色，有纵横皱纹和结节，支根细。茎丛生，微被灰褐色细毛。叶互生，卵状披针形或长椭圆形，长1～2cm，宽0. 5～1cm，侧脉明显，有细柔毛。总状花序腋生，花紫色；萼片5，不等大，内面2片较大，花瓣状；花瓣3，基部与雄蕊鞘相连，中间1片较大，龙骨状，背面先端有流苏状附属物；雄蕊8，花丝几乎全部连合成鞘状；子房上位，柱头2裂，不等长。蒴果广卵形，顶端凹，边缘有宽翅，有宿萼；种子卵形，密被柔毛。花期4—5月，果期5—7月。

有活血散瘀、祛痰镇咳、解毒止痛的功效。

61 花点草

荨麻科 花点草属 多年生小草本

株高10～30cm，茎直立，自基部分枝，下部有匍匐茎，常半透明，黄绿色，有时上部带紫色，被向上倾斜的微硬毛。叶三角状卵形或近扇形，边缘每边有4～7枚圆齿或粗牙齿，茎下部的叶较小，正面翠绿色，疏生紧贴的小刺毛，背面浅绿色，有时带紫色。雄花序为多回二歧聚伞花序，生于枝的顶部叶腋，疏松，有长梗，紫红色，花序梗被向上倾斜的毛；雌花序密集成团伞花序，有短梗，雌花被绿色。瘦果卵形，黄褐色，有疣点状突起。花期4—5月，果期6—7月。生于山谷林下或石缝阴湿处。

有化痰、止咳、止血的功效。

62 华东木蓝

豆科 木蓝属 灌木

最高可达1m，茎直立，灰褐色或灰色，分枝有棱，无毛。羽状复叶长10～15cm，叶柄长1. 5～4cm，叶轴上面有浅槽，叶轴和小柄均无毛；托叶线状披针形，早落；小叶3～7对，对生。总状花序长8～18cm，总花梗长约3cm，常短于叶柄，无毛；苞片卵形，早落；花梗长约3mm；花萼斜杯状，长约2. 5mm，外面疏生丁字毛；花冠紫红色或粉红色，旗瓣倒阔卵形，先端微凹，外面密生短柔毛。荚果褐色，无毛，开裂后果瓣旋卷；内果皮有斑点。花期4—5月，果期5—9月。常见于山坡疏林或灌丛。

有清热解毒、消肿止痛的功效。

63 华东唐松草

毛茛科 唐松草属 多年生草本植物

植株全体无毛，茎高20～60cm，自下部或中部分枝。基生叶有长柄，为2～3回3出复叶；小叶草质，背面粉绿色。顶生小叶近圆形，顶端圆，基部圆形或浅心形，有不明显三浅裂，边缘有浅圆齿；侧生小叶的基部斜心形，脉在下面隆起；叶柄细，有细纵槽，长约6cm，基部有短鞘，半圆形，全缘。复单歧聚伞花序圆锥状；花梗丝形，长0.6～1.6cm；萼片4，白色或淡堇色，倒卵形，长3～4.5mm。瘦果无柄，圆柱状长圆形。花期4月，果期7—8月。

全草入药，根能替代黄连，具有清湿热、消肿解毒的功效。

64 黄鹌菜

菊科 黄鹌菜属 一年生草本

株高10～100cm，茎直立，单生或少数茎成簇生，粗细不等，顶端伞房花序状分枝或下部有长分枝，下部被稀疏的皱波状长或短毛。基生叶倒披针形、椭圆形、长椭圆形或宽线形，大多羽状深裂或全裂，极少有不裂的，全部叶及叶柄被皱波状长或短柔毛。头状花序有柄，排成伞房状、圆锥状和聚伞状；总苞圆筒形，外层总苞片远小于内层，全为舌状花，花冠黄色。瘦果纺锤状，稍扁，冠毛白色。花、果期4—10月。生于潮湿地、河边沼泽地、田间与荒地上。

有清热解毒、通结气、利咽喉的功效。

65 活血丹

唇形科 活血丹属 多年生草本

别名破铜钱、金钱艾、接骨消等。有匍匐茎，上升，逐节生根。茎高10～20cm（少数可达30cm），四棱形，基部通常呈淡紫红色。叶草质，下部叶较小，叶片心形或近肾形，上部叶较大，叶片心形，先端急尖或钝三角形，叶脉不明显。轮伞花序通常2花，少有4～6花；花萼管状，花冠淡蓝、蓝或紫色，下唇有深色斑点，冠筒直立，上部渐膨大成钟形，有长筒与短筒两型。花期4—5月，果期5—6月。喜阴湿。

全草或茎、叶入药，对膀胱结石或尿路结石有效，外敷可治跌打损伤、骨折、外伤出血、疮疖痈肿丹毒。

66 金银花

忍冬科 忍冬属 多年生灌木

为半常绿缠绕及匍匐茎的灌木，小枝细长，中空，藤为褐色至赤褐色。卵形叶子对生，枝叶均密生柔毛和腺毛，叶纸质。总花梗通常单生于小枝上部叶腋，苞片大，叶状，卵形或椭圆形，长达2～3cm，通常两面均有短柔毛；花冠白色，后变黄色，唇形。果实圆形，熟时蓝黑色，有光泽；种子卵圆形或椭圆形，褐色。花期4—6月（秋季亦常开花），果期10—11月。可制作花廊、花架、花栏、花柱，又用于缠绕假山石。

有清热解毒的功效，主治温病发热、热毒血痢、痈疽疔毒等。

67 金爪儿

报春花科 珍珠菜属 多年生草本

茎簇生，柔弱倾斜，高13～35cm，圆柱形，密被淡黄色多节柔毛，有黑色腺条，通常多分枝。叶在茎下部对生，在上部互生，叶片卵形至三角状卵形。花两性，单生于茎上部叶腋；花梗纤细，丝状，通常超过叶长，密被柔毛，花后下弯；花萼长约7mm，5分裂近达基部，裂片卵状披针形，先端长、渐尖；花冠黄色，长6～9mm，5裂，裂片卵形或菱状卵圆形，先端稍钝。蒴果近球形，淡褐色，稍有5棱，表面有多毛，有宿萼。花期4—5月，果期5—9月。喜阴湿。

有理气活血、利尿、拔毒的功效。

68 筋骨草

唇形科 筋骨草属 多年生草本

别名破血丹、散血草、白毛夏枯草。茎高25～40cm，四棱形，紫红色或绿紫色。叶柄绿黄色，有时呈紫红色，基部抱茎；叶片纸质，卵状椭圆形或狭椭圆形，边缘有不整齐的双重牙齿。穗状聚伞花序顶生，由多数轮伞花序密聚排列组成；苞叶大，叶状，有时呈紫红色，卵形，花梗短，无毛；花萼漏斗状钟形，花冠紫色，有蓝色条纹。小坚果长圆状或卵状三棱形。花期4—8月，果期7—9月。喜湿润，可成片栽于林下、湿地，达到黄土不露天的效果。

 可用于治疗上呼吸道感染及胃肠炎等；外用治跌打损伤、毒蛇咬伤等。

69 刻叶紫堇

罂粟科 紫堇属 灰绿色直立草本

株高15～60cm，根茎短而肥厚，椭圆形。茎不分枝或少分枝。叶有长柄，基部有鞘，叶片2回3出，1回羽片有短柄，2回羽片近无柄，菱形或宽楔形，3深裂，裂片有缺刻状齿。总状花序长3～12cm，多花，先密集，后疏离；苞片约与花梗等长，菱形或楔形，花梗长约1cm；萼片小，丝状深裂。花色有变化，多为紫红色、紫色，少数为淡蓝色、苍白色，平展，大小的变异幅度较大。蒴果线形至长圆形，有1列种子。花期4—5月，果期5—6月。生于林缘，路边或疏林下。

全草药用，可解毒、杀虫，治疮癣、蛇咬伤。

70 苦荬菜

菊科 苦荬菜属 一年生或二年生草本

别名多头苦荬菜。茎直立，常在基部分枝。基生叶有短柄，叶片线状披针形，先端渐尖，基部楔形下延，全缘，稀羽状分裂，叶脉羽状；中部叶无柄，宽披针形或披针形，先端渐尖，基部箭形抱茎，全缘或有疏齿。头状花序密集成伞房状或近伞形；总花序梗纤细，长0. 5～1. 5cm；总苞钟形，果期呈坛状，总苞片2层，外层总苞片5，内层总苞片8，卵状披针形或披针形，舌状花黄色，舌片长约0. 5cm。果实纺锤形，冠毛白色，刚毛状。花、果期4—6月。

有清热解毒、止血的功效。

71 老鸦柿

柿科 柿属 落叶小乔木

树皮灰色，平滑；有枝刺；枝深褐色或黑褐色。叶纸质，菱状倒卵形，正面深绿色，背面浅绿色。花生当年生枝下部，花冠壶形；雄花5裂，裂片覆瓦状排列，雌花4深裂，4脊上疏生白色长柔毛，裂片长圆形，向外反曲，顶端有髯毛，边缘有柔毛。果单生，球形，嫩时黄绿色，熟时橘红色，有蜡样光泽，顶端有小突尖。有种子2～4颗，褐色，半球形或近三棱形，宿存萼4深裂。花期4—5月，果期9—10月。常见于山坡灌丛或山谷沟畔林中，可用于观果盆栽。

根、枝晒干入药能活血利肝。

72 荔枝草

唇形科 鼠尾草属 一年生或二年生草本

茎直立，粗壮，多分枝。叶椭圆状卵圆形，边缘有圆齿、牙齿或尖锯齿，草质，正面被稀疏的微硬毛，背面被短疏柔毛。轮伞花序6花，多数，在茎、枝顶端密集组成总状或总状圆锥花序，苞片披针形，花梗长约1mm，与花序轴密被疏柔毛；花萼钟形，2唇形，唇裂约至花萼长1/3，上唇全缘，下唇深裂成2齿，齿三角形，锐尖；花冠淡红、淡紫、紫、蓝紫至蓝色，稀白色。小坚果倒卵圆形，直径0. 4mm，成熟时干燥，光滑。花期4—5月，果期 6—7月。

有清热、解毒、凉血、利尿的功效。

73 楝树

楝科 楝属 落叶乔木

别名苦楝、紫花树、森树。高达10余米，树皮灰褐色，纵裂。分枝广展，小枝有叶痕。叶为2～3回奇数羽状复叶，长20～40cm；小叶对生，卵形、椭圆形至披针形，顶生一片通常略大，幼时被星状毛，后两面均无毛。圆锥花序约与叶等长，花芳香，花瓣淡紫色，倒卵状匙形。核果球形或椭圆形，花期4—5月，果期10—12月。楝树是平原地区及低丘陵地区良好的造林树种，木材具有多种用途。

鲜叶可灭钉螺和作农药，用根、皮可驱蛔虫和钩虫，但有毒，须遵医嘱；其根皮粉调醋可治疥癣，用苦楝子做成油膏可治头癣。

74 满山红

杜鹃花科 杜鹃属 落叶灌木

株高1～4m；枝轮生，幼时被淡黄棕色柔毛，长大后无毛。叶厚纸质或近于革质，常2～3集生枝顶，椭圆形，卵状披针形或三角状卵形，正面深绿色，背面淡绿色。花芽卵球形，鳞片阔卵形，顶端钝尖；花通常2朵顶生，先花后叶，花冠管长约1cm，基部径4mm，裂片5，深裂，长圆形，花冠桃红色而密布紫红色小斑点。蒴果椭圆状卵球形，密被亮棕褐色长柔毛。喜凉爽湿润的气候，恶酷热干燥。要求富含腐殖质、疏松、湿润及pH在5. 5～6. 5之间的酸性土壤。花期4—5月，果期6—11月，是花篱的良好材料。

75 茅瓜

葫芦科 马交儿属 多年生缠绕草本

又名老鼠拉冬瓜。茎纤细，柔弱，长1～2m，有不分枝卷须。单叶互生，有细长柄；叶片卵状三角形，不分裂或3～5分裂，膜质。雌雄同株，雄花单生或稀2～3朵生于短的总状花序上，花冠淡黄色；雌花与雄花在同一叶腋内单生或稀双生，花冠阔钟形，白色。果实卵形或近椭圆形，似瓜果，成熟时橙黄色，内有多数扁平灰白色种子。花期4—7月，果期7—10月。常缠绕于其他植物之上。

药食两用植物。鲜果可生津止咳、防暑，干果可用于炖汤、煲粥。茎、叶和根都可入药，有消肿散瘀的功效。

76 木荷

山茶科 木荷属 常绿大乔木

树干挺直，高可达40m，分枝高，树冠圆形；树皮深灰色，纵裂成不规则的长块，枝暗褐色，无毛。叶革质或厚革质，卵状椭圆形或长椭圆形，长5～12cm，宽2.5～5cm，先端短尖或长尖，基部楔形或稍圆，侧脉7～9对，边缘有钝齿；冬芽卵状圆锥形，被白色长毛。花多朵排成总状花序，生于枝顶叶腋，花形似荷花，白色，花柄粗壮。蒴果褐色，扁圆球形。花期4—7月，果期9—10月。

四季常绿，是我国珍贵的用材树种，耐火、抗火、难燃，是营造生物防火林带的理想树种和防火门用材。树皮、树叶含鞣质，可以提取单宁。

77 木通

木通科 木通属 落叶木质缠绕灌木

长3～15cm，全株无毛。幼枝灰绿色，有纵纹。掌状复叶，小叶片5，倒卵形或椭圆形，长3～6cm，先端圆，常微凹至有一细短尖，基部圆形或楔形，全缘。短总状花序腋生，花单性，雌雄同株；花序基部着生1～2朵雌花，上部着生密而较细的雄花。果肉质，浆果状，长椭圆形，或略呈肾形，两端圆，熟后紫色，柔软；种子多数，长卵形稍扁，黑色。花期4—5月，果熟期8月。喜阴湿，较耐寒。

入药可治小便赤涩、淋浊、水肿、胸中烦热、喉痹咽痛、遍身拘痛、妇女经闭、乳汁不通。

78 女娄菜

石竹科 蝇子草属 多年生草本

根纺锤形，木化；茎直立，高20～70cm，由基部分枝，全株密被短柔毛。叶对生，上部叶无柄，下部叶有短柄；叶片长4～7cm，宽4～8mm，线状披针形或披针形，先端急尖，基部渐窄，全缘。聚伞花序2～4分歧，小聚伞2～3花；萼管长卵形，先端5齿裂；花瓣5，白色，倒披针形，先端2裂，基部有爪，喉部有2鳞片。蒴果椭圆形，先端6裂，外围宿萼与果近等长；种子多数，细小，黑褐色，有瘤状突起。花期4—6月，果期6—8月。

夏、秋季采集全草，鲜用或晒干入药，
具有活血调经、下乳、健脾利湿、解毒的功效。

79 蓬蘽

蔷薇科 悬钩子属 落叶灌木

高1～2m，枝红褐色或褐色，疏生皮刺。小叶3～5枚，卵形或宽卵形，长3～7cm，宽2～3. 5cm，边缘有不整齐尖锐重锯齿；叶柄长2～3cm，顶生小叶柄长约1cm，稀较长，均有柔毛和腺毛，并疏生皮刺；托叶披针形，两面有柔毛。花常单生于侧枝顶端，也有腋生；花梗长3～6cm，有柔毛和腺毛；苞片小，线形，有柔毛；花直径3～4cm；花萼外密被柔毛和腺毛；花瓣倒卵形或近圆形，白色。果实近球形，直径1～2cm，无毛。花期4月，果期5—6月。生于山坡路旁阴湿处或灌丛中。

全株及根入药，能消炎解毒、清热镇惊、活血及祛风湿。

80 蒲公英

菊科 蒲公英属 多年生草本

根圆锥状，表面棕褐色，皱缩。叶成倒卵状披针形，先端钝或急尖，边缘有时有波状齿或羽状深裂，每侧裂片3～5片，通常有齿，裂片间常夹生小齿，基部渐狭成叶柄，叶柄及主脉常带红紫色。花葶1至数个，上部紫红色，密被蛛丝状白色长柔毛；头状花序，舌状花黄色，边缘花舌片背面具紫红色条纹，花药和柱头暗绿色。瘦果倒卵状披针形，暗褐色，上部有小刺，下部有成行排列的小瘤，冠毛白色，长约6mm。花、果期4—6月。

药食两用，有利尿、缓泻、退黄疸、利胆等功效。

81 漆姑草

石竹科 漆姑草属 一年生小草本

株高10～15cm，茎纤细，由基部分枝，丛生，下部平卧，上部直立，无毛。单叶对生；叶片线形，有1条脉，基部抱茎，合生成膜质的短鞘状，先端渐尖，无毛。花小，通常单一，腋生于茎顶；花梗细小，直立，长约1～2.5cm，疏生腺毛；萼片5，长圆形或椭圆形，长1.5～2mm。花瓣5，白色卵形，先端圆，长约为萼片的2/3左右。种子微小，褐色，圆肾形，密生瘤状突起。花期4—5月，果期5—6月。

有凉血解毒、杀虫止痒的功效。常用于秃疮、湿疹、丹毒、无名肿毒、毒蛇咬伤、龋齿痛、跌打损伤的治疗。

82 窃衣

伞形科 窃衣属 多年生草本

全株贴生短硬毛，高10～70cm，茎单生，有分枝，有细直纹和刺毛。叶卵形，1～2回羽状分裂，小叶片披针状卵形，边缘有条裂状粗齿至缺刻或分裂。复伞形花序顶生和腋生，花序梗长2～8cm；总苞片通常无，很少1；小总苞片5～8，钻形或线形；小伞形花序有花4～12；萼齿细小，三角状披针形，花瓣白色，倒圆卵形，先端内折。果实长圆形，有内弯或呈钩状的皮刺，粗糙，每棱槽下方有油管1。花、果期4—10月。

果及根可入药，果实治虫积腹痛（蛔虫病）；根能解毒，可治食物中毒。

83 琼花

忍冬科 荚蒾属 落叶或半常绿灌木

高达4m左右，树皮灰褐色或灰白色。叶纸质，卵形或卵状长圆形，边缘有小齿，叶表面初时密被簇状短毛，后仅中脉有毛，叶背面被簇状短毛。白色聚伞花序生于枝端，周边8朵为5瓣不孕大花，中间为两性小花。果实红色而后变黑色，椭圆形，长约12mm，核扁，长圆形至宽椭圆形，长10～12mm，直径6～8mm，有2条浅背沟和3条浅腹沟。花期4月，果熟期9—10月。生于丘陵、山坡林下或灌丛中，庭园也常有栽培，主要用于观赏。

枝、叶、果均可入药，具有通经络、解毒止痒的功效。

84 日本鼠麴草（细叶鼠麴草）

菊科 鼠麴草属 多年生草本

也称白背鼠麴草。花时高8～25cm，茎纤细，多数丛生，直立或基部发出的枝下部斜升，上部不分枝，节间长8～20mm，上部节间罕有达5cm，有沟纹，被白色棉毛。基部叶呈莲座状，匙状倒披针形或线状披针形，基部渐狭，稍下延，顶端圆，有刺尖头，花后不凋落，表面绿色或稍有白色绵毛，背面有白色绒毛；茎生叶向上逐渐短小，线形，两面被白色棉毛。头状花序多数簇生顶端，总苞片3层，暗棕色。瘦果椭圆形，冠毛白色。花期4—7月。

全草药用，有清热利湿、解毒消肿的功效。

85 乳浆大戟

大戟科 大戟属 多年生草本

俗称猫眼草。最高可达40cm，茎通常分枝，基部坚硬。下部叶鳞片状，早落；中上部叶狭条状披针形，长2～5cm，宽2～3mm，先端钝或有短尖，两面无毛。杯状聚伞花序顶生，通常有4～9伞梗，基部有轮生叶与茎上部叶同形；腋生者有伞梗1；每伞梗再分叉2～3个，各有扇状半圆形或三角状心形苞叶1对；总苞杯状，无毛，先端4裂。蒴果扁球形，无毛；种子长圆形，长约2mm，光滑，一边有纵沟，无网纹及斑点。花期4—6月，果期6—8月。喜向阳处。

药用有镇咳、祛痰、散结、逐水、拔毒、杀虫的功效。

86 蛇莓

蔷薇科 蛇莓属 多年生草本

别名蛇果、野草莓、地莓。全株有柔毛，匍匐茎长。3出复叶互生，小叶片倒卵形至菱状长圆形，先端圆钝，边缘有钝锯齿，两面皆有柔毛。花单生于叶腋；直径1.5～2.5cm；萼片卵形，先端锐尖，外面有散生柔毛；副萼片倒卵形，长5～8mm，比萼片长，先端常具3～5锯齿；花瓣倒卵形，长5～10mm，黄色，先端圆钝；花托在果期膨大，海绵质，鲜红色，有光泽，直径10～20mm，外面有长柔毛。瘦果卵形，长约1.5mm。花期4月，果期5月。

全草供药用，有清热解毒、活血散瘀、收敛止血作用，可敷治毒蛇咬伤、敷治疔疮等。

87 石楠

蔷薇科 石楠属 常绿灌木或中型乔木

株高3～6m，少数可达12m；枝褐灰色，冬芽卵形，鳞片褐色。叶片革质，长椭圆形、长倒卵形或倒卵状椭圆形，先端尾尖，基部圆形或宽楔形，边缘有疏生具腺细锯齿，近基部全缘，上面光亮，幼时中脉有绒毛，成熟后脱落。复伞房花序顶生，直径10～16cm；总花梗和花梗无毛；花密生，直径6～8mm；萼筒杯状，长约1mm，无毛。果实球形，直径5～6mm，红色，后成褐紫色，有1粒种子，种子卵形，长约2mm，棕色，平滑。花期4—5月，果期10月。

叶和根供药用，为强壮剂、利尿剂，有镇静解热等作用。

88 算盘子

大戟科 算盘子属 落叶灌木

高1～2m，小枝灰褐色，密被短柔毛。叶互生，有短柄或几无柄，叶片纸质或近革质，长圆形、长卵形或倒卵状长圆形，正面灰绿色，仅中脉被疏短柔毛或几无毛，背面粉绿色。花小，2～5朵簇生于叶腋内，雌雄同株或异株；雄花束常着生于小枝下部，雌花束则在上部，或有时同生于一叶腋内。蒴果扁球状，有8～10条纵沟，形如算盘珠，成熟时带红色；种子近肾形，有3纵棱，朱红色。花期4—8月，果期7—11月。分布于长江流域以南各地,常见于山坡灌丛中。

果实入药，有清热除湿、解毒利咽、行气活血的功效。

89 太子参（孩儿参）

石竹科 孩儿参属 多年生草本

块根长纺锤形，白色，稍带灰黄。高15～20cm，茎直立，单生，被2列短毛。茎下部叶常1～2对，叶片倒披针形，顶端钝尖，基部渐狭呈长柄状，上部叶2～3对，叶片宽卵形或菱状卵形。花1～3朵，腋生或呈聚伞花序；花梗长1～2cm，被短柔毛；萼片5，狭披针形，顶端渐尖，外面及边缘疏生柔毛；花瓣5，白色，长圆形或倒卵形，长7～8mm，顶端2浅裂。蒴果宽卵形，含少数种子，种子褐色，扁圆形，长约1.5mm，具疣状凸起。花期4—7月，果期7—8月。喜温暖湿润的环境，惧高温。

有益气健脾、生津润肺的功效。

90 通泉草

玄参科 通泉草属 一年生草本

别名鹅肠草、五瓣梅。高3～30cm，本种在体态上变化幅度很大，茎1～5支或有时更多，直立，上升或倾卧状上升，着地部分节上常能长出不定根，分枝多而披散。基生叶少或多数，有时成莲座状或早落，倒卵状匙形，茎生叶对生或互生，少数，与基生叶相似或几乎等大。总状花序生于茎、枝顶端，常在近基部即生花，伸长或上部成束状，通常3～20朵，花稀疏；花萼钟状；花冠白色、紫色或蓝色。蒴果球形；种子小而多数，黄色。花、果期4—10月。喜湿。

全草可用于止痛、健胃、解毒、消肿。

91 卫矛

卫矛科 卫矛属 落叶灌木

株高1～3m，小枝常有2～4列宽阔木栓翅；冬芽圆形，芽鳞边缘有不整齐细坚齿。叶卵状椭圆形，边缘有细锯齿，两面光滑无毛；叶柄长1～3mm。聚伞花序1～3花；花序梗长约1cm，小花梗长5mm；花白绿色，直径约8mm；萼片半圆形；花瓣近圆形，4数，雄蕊着生花盘边缘处。蒴果1～4深裂，裂瓣椭圆状；种子椭圆状或阔椭圆状，种皮褐色或浅棕色，假种皮橙红色，全包种子。花期4—6月，果期9—10月。适应性强，能净化空气，美化环境。

根、带翅的枝、叶用于治疗经闭，症瘕，
产后瘀滞腹痛，虫积腹痛，漆疮。

92 小果蔷薇

蔷薇科 蔷薇属 攀缘灌木

高2～5m，小枝圆柱形，无毛或稍有柔毛，有钩状皮刺。小叶3～5，稀7；连叶柄长5～10cm；小叶片卵状披针形或椭圆形，稀长圆披针形，长2. 5～6cm，宽8～25mm，先端渐尖，基部近圆形，边缘有紧贴或尖锐细锯齿，两面均无毛，正面亮绿色，背面颜色较淡；托叶膜质线形，早落。花多朵成复伞房花序；萼片卵形，先端渐尖，常有羽状裂片；花瓣白色，倒卵形，先端凹，基部楔形。果球形，红色至黑褐色。花期4—5月，果期8—10月。

可作为蜜源植物，花可提取芳香油。根入药有祛风除湿、止咳化痰、解毒消肿的功效，可治疗小儿夜尿。

93 小花黄堇

罂粟科 紫堇属 灰绿色草本

高30～50cm，茎分枝；枝条花葶状，对叶生。基生叶有长柄，常早枯萎；茎生叶有短柄，叶片三角形，正面绿色，背面灰白色，2回羽状全裂，卵圆形或宽卵圆形，通常2回3深裂。总状花序长3～10cm，密具多花，后渐疏离；苞片披针形或钻形；花梗长3～5mm，花黄色至淡黄色；萼片小，卵圆形，早落。外花瓣不宽展，无鸡冠状突起，顶端通常近圆。蒴果线形，有1列种子，种子黑亮，近肾形，有短刺状突起，种阜三角形。花期4—5月，果期5—6月。

全草入药，有杀虫解毒的作用，外敷治疥疮和蛇伤。

94 小苦荬

菊科 小苦荬属 多年生草本

茎直立，单生，基部直径1～3mm，高10～50cm。上部伞房花序状分枝或自基部分枝，无毛。基生叶长倒披针形、长椭圆形或椭圆形，基部渐狭成长或宽翼柄；茎叶披针形或长椭圆状披针形或倒披针形，基部扩大耳状抱茎，基部边缘有缘毛状锯齿。头状花序在枝顶排成伞房状花序，舌状小花黄色，少见白色。瘦果纺锤形，褐色，有10条细肋或细脉，有丝状细喙。花、果期4—8月。常见于山坡、林下、潮湿处或田边。

全草药用，有清凉解毒、治疗瘀血肿痛的作用；
茎叶柔嫩多汁，可作家畜的青鲜饲料。

95 野老鹳草

牻牛儿苗科 老鹳草属 一年生草本

高20～60cm，根纤细，茎直立或仰卧，具棱角，密被倒向短柔毛。茎生叶互生或最上部对生，叶片圆肾形，基部心形，裂片楔状倒卵形或菱形，小裂片先端急尖；托叶披针形或三角状披针形，外被短柔毛。伞形花序腋生和顶生，长于叶，被倒生短柔毛和开展的长腺毛，每总花梗具2花，顶生总花梗常数个集生，花序呈伞形状；花梗与总花梗相似，花瓣淡紫红色，倒卵形。蒴果被短糙毛。花期4—7月，果期5—9月。常见于平原或低山荒坡杂草丛中。

全草入药，有祛风收敛和止泻的功效。

96 野芝麻

唇形科 野芝麻属 多年生草本

根茎有地下长匍匐枝，茎高可达1m，单生，直立，四棱形，有浅槽，中空，几乎无毛。茎下部的叶卵圆形或心形，茎上部的叶卵圆状披针形，较茎下部的叶长而狭，草质，两面均被短硬毛，叶柄长达7cm，茎上部的渐变短。轮伞花序4～14花，着生于茎端；苞片狭线形或丝状，花萼钟形，花冠白或浅黄色。小坚果倒卵圆形，先端截形，基部渐狭，淡褐色。花期4—6月，果期7—8月。各地常见野生，生于荫湿的路旁、山脚或林下。

植株可入药，用于治疗子宫及泌尿系统疾患，
全草可治跌打损伤、小儿疳积。

97 叶下珠

大戟科 叶下珠属 一年生草本

株高10～60cm，枝有翅状纵棱，上部被纵列疏短柔毛。叶片纸质，长圆形或倒卵形，叶柄扭转而呈羽状排列，叶背面灰绿色，托叶卵状披针形，长约1.5mm。花雌雄同株，直径约4mm，雄花2～4朵簇生于叶腋，通常仅上面1朵开花，花盘腺体6，分离，与萼片互生；雌花单生于小枝中下部的叶腋内，黄白色，花盘圆盘状，边全缘。蒴果圆球状，红色，表面有小凸刺；种子长1.2mm，橙黄色。花期4—6月，果期7—11月。喜温暖湿润。

夏、秋季采集全草药用，有解毒、消炎、清热止泻、利尿的功效。

98 映山红

杜鹃花科 杜鹃属 落叶灌木

高约2m（少数可达5m），分枝多而纤细，密被亮棕褐色扁平糙伏毛。叶革质，常集生枝端，卵形，正面深绿色，疏被糙伏毛，背面淡白色，密被褐色糙伏毛。花2～6朵簇生枝顶；花梗密被亮棕褐色糙伏毛；花萼5深裂，裂片三角状长卵形，被糙伏毛，边缘有睫毛；花冠阔漏斗形，玫瑰色、鲜红色或暗红色，裂片5，倒卵形，上部裂片有深红色斑点。蒴果卵球形，花萼宿存。花期4—5月，果期6—8月。喜凉爽、湿润、通风的半阴环境及酸性土壤。

全株可入药，具有行气活血、补虚的功效。

99 芫荽

伞形科 芫荽属 二年生草本

俗名香菜，全株无毛，植株有强烈气味，高20～100cm，茎圆柱形，直立，多分枝，有条纹，通常光滑。根生叶有柄，1～2回羽状全裂，羽片广卵形或扇形半裂，边缘有钝锯齿、缺刻或深裂，上部茎生叶三回至多回羽状分裂，末回裂片狭线形，顶端钝，全缘。伞形花序顶生或与叶对生，花白色或带淡紫色，花瓣倒卵形。果实圆球形，背面有棱。花、果期4—11月。

是重要的食用蔬菜，常用于汤饮、凉拌菜、面类食物中提味。《本草纲目》称“芫荽性味辛温香窜，内通心脾，外达四肢”，有开胃消郁、止痛解毒的功效。

100 云实

豆科 云实属 藤本

树皮暗红色，枝、叶轴和花序均被柔毛和钩刺。2回羽状复叶，对生，有柄，基部有刺1对；小叶8～12对，膜质，长圆形，托叶小，斜卵形，先端渐尖，早落。总状花序顶生，直立，长15～30cm，有多花；总花梗多刺，花梗长3～4cm，被毛，花萼下有关节，故花易脱落；萼片5，长圆形，被短柔毛；花瓣黄色，盛开时反卷。荚果长圆状舌形，脆革质，栗褐色，无毛，有光泽，沿腹缝线膨胀成狭翅；种子椭圆状，种皮棕色。花、果期4—10月。常见于山坡灌丛中及平原、丘陵、河旁等地。

具有解毒除湿、止咳化痰、杀虫的功效。

101 云台南星

天南星科 天南星属 野生型多年生草本

别称江苏南星、江苏天南星等，块茎近球形。鳞叶3，下部管状，上部略分离；叶2，叶柄绿色，中部以下有鞘；叶片鸟足状分裂，裂片7～9，倒披针形或披针形。佛焰苞淡白绿色，内面有3～5条白色纵条纹，全长15cm，管部漏斗状，边缘略反卷；檐部长圆形，肉穗花序单性，雄花序长约2cm，花较疏；附属器无柄，长圆柱形，略成棒状，长7cm，先端钝圆，光滑。花期4—5月，稀至10月。

块茎入药，外用治无名肿毒初起、面神经麻痹、毒蛇咬伤、神经性皮炎，炙后内服治肺痈咳嗽。

102 泽漆

大戟科 大戟属 一年生或二年生草本

高10～30cm，全株含乳汁，通常基部多分枝，枝斜生，基部带紫红色，上部淡绿色。叶互生，倒卵形或匙形，先端微凹，边缘中部以上有细锯齿，无柄。茎顶有5片轮生的叶状苞；总花序多歧聚伞状，有5伞梗，每伞梗又分2～3个小伞梗，每小伞梗又第3回分为2叉；杯状聚伞花序钟形，子房3室，花柱3。蒴果无毛，种子卵形，表面有凸起的网纹。花期4—5月，果期6—7月。常见于沟边、路旁、田野。

全草具药用，主治水气肿满、痰饮喘咳、疟疾、菌痢、瘰疬、结核性瘘管、骨髓炎。

103 直立婆婆纳

玄参科 婆婆纳属 多年生草本

全体有细软毛。茎直立或上升，不分枝或铺散分枝，高5～30cm，有两列多细胞白色长柔毛。叶常3～5对，下部的有短柄，中上部的无柄，卵形或卵圆形，有3～5脉，边缘有圆或钝齿，两面被硬毛。总状花序长而多花，长可达20cm，各部分被白色腺毛；花梗极短；花萼长3～4mm，花冠蓝紫色或蓝色，长约2mm，裂片圆形或长圆形；雄蕊短于花冠。蒴果倒心形，有细毛而边毛特长；种子细小、光滑，长圆形，长近1mm。花期4—5月，果期5—7月。植株矮小成片生长，适于花境栽植。

全草可入药，具有清热、除疟的功效。

104 梓木草

紫草科 紫草属 多年生匍匐草本

匍匐茎长可达30cm，有开展的糙伏毛；生花茎直立，高5～20cm。叶倒披针形或匙形，长3～6cm，宽8～18mm，两面有短硬毛；茎生叶与基生叶同形而较小，先端急尖或钝，基部渐狭，近无柄。花序长2～5cm，有花1至数朵，苞片叶状；花有短花梗；花萼长约6.5mm，裂片线状披针形，两面都有毛；花冠蓝色或蓝紫色，长1.5～1.8cm，外面稍有毛，筒部与檐部无明显界限。小坚果斜卵球形，长3～3.5mm，乳白色而稍带淡黄褐色，平滑，有光泽，腹面中线凹陷呈纵沟。花期4—5月。

果实供药用，消肿、止痛，治疗疮、支气管炎、消化不良等症。

105 紫花堇菜

堇菜科 堇菜属 多年生草本

根状茎短粗、垂直，节密生，褐色；地上茎数条，直立或斜升，通常无毛。基生叶叶片心形或宽心形，先端钝或微尖，基部弯曲，边缘具钝锯齿，两面有棕色腺点；茎生叶三角状心形或狭卵状心形。花瓣淡紫色，有棕色腺点，无芳香；花梗自茎基部或茎生叶的叶腋抽出，长6～11cm，远超出于叶，中部以上有2枚线形小苞片；萼片披针形，花瓣倒卵状长圆形，有褐色腺点。蒴果椭圆形，长约1cm，密生褐色腺点，先端短尖。花期4—5月，果期6—8月。喜长于湿地。

有清热解毒、止血、化瘀等功效。

106 紫金牛

紫金牛科 紫金牛属 常绿小灌木

别名平地木、老勿大、不出林、千年矮等。直立茎长达30cm，有匍匐生根的根茎。叶对生或近轮生，坚纸质或近革质，椭圆形或椭圆状倒卵形，边缘有细锯齿。亚伞形花序腋生，有花3～5朵；花瓣粉红色或白色，广卵形，有密腺点。核果球形，鲜红色转黑色，有腺点。花、果期5—11月，有时次年5—6月仍有果。枝叶常青，入秋后果色鲜艳，经久不凋，是一种优良的园林绿化植物及盆景用材。

全株及根供药用，为中国民间常用的中草药，治肺结核、咯血、咳嗽、慢性气管炎效果好。

107 紫云英

豆科 黄耆属 二年生草本

也称红花浪。匍匐多分枝，高可达30cm。奇数羽状复叶，叶柄较叶轴短；托叶离生，小叶倒卵形或椭圆形，先端钝圆或微凹，基部宽楔形，上面近无毛，下面散生白色柔毛。总状花序或伞形花序，总花梗腋生，苞片三角状卵形，花梗短；花萼钟状，萼齿披针形；花冠紫红色或橙黄色，旗瓣倒卵形，瓣片长圆形。荚果线状长圆形，种子肾形，栗褐色。花期4—5月。分布于中国长江流域各省区，常见于山坡、溪边及潮湿处。

是重要的蜜源植物，可作绿肥、牧草。
种子可入药，有补气固精、益肝明目、清热利尿的功效。

108 凹叶景天

景天科 景天属 多年生草本

植株细弱，茎高10～15cm，倾斜。叶对生，匙状倒卵形或宽卵形，顶端凹缺，有时基部渐狭，有短距。聚伞花序顶生，有多花，常有3个分枝；花无梗；萼片5，披针形至狭长圆形，长2～5mm，宽0.7～2mm，先端钝；基部有短距；花瓣5，黄色，线状披针形或披针形，长6～8mm，宽1.5～2mm，顶端长尖；鳞片5，长圆形，长0.6mm，钝圆；心皮5，长圆形，基部合生。种子细小，褐色。花期5—6月，果期6月。常见于山坡阴湿处，是优良的地被植物和岩石园植物。

全草可药用，具有清热解毒、散瘀消肿的功效。

109 八角枫

八角枫科 八角枫属 落叶乔木或灌木

别名华瓜木。高3～5m，稀达15m，小枝略呈“之”字形，幼枝紫绿色。叶纸质，近圆形或椭圆形、卵形；叶柄紫绿色或淡黄色，幼时有微柔毛，后无毛。聚伞花序腋生，被稀疏微柔毛，具花7～30朵，花冠圆筒形，花瓣6～8，线形，基部黏合，上部开花后反卷，初为白色，后变黄色。核果卵圆形，幼时绿色，成熟后黑色。花期5—7月和9—10月，果期7—11月。八角枫的叶片形状优美、花期长，可作绿化树种。

具有药用价值，根和皮药效最好，根名白龙须，茎名白龙条。有祛风除湿、舒筋活络、散瘀止痛的功效。

110 白车轴草

豆科 车轴草属 短期多年生草本

别名白三叶、白花三叶草。高10～30cm，茎匍匐蔓生，节上生根，全株无毛。掌状3出复叶；托叶卵状披针形，膜质，基部抱茎成鞘状，叶柄较长，小叶倒卵形至近圆形，微被柔毛。花序球形，顶生，具花20～50朵（少数可达80朵），密集；无总苞，苞片披针形；花梗开花立即下垂；花冠白色、乳黄色或淡红色，有香气。荚果长圆形，种子阔卵形，种子通常3粒。花期5—10月。抗热抗寒性强。

具有很高的饲用、绿化、遗传育种和药用价值，可作绿肥、堤岸防护草种、草坪装饰，以及蜜源和药材等用。

111 白马骨

茜草科 六月雪属 半常绿小灌木

株高25～45cm，枝粗壮，灰色。叶通常丛生，倒卵形或倒披针形，先端短尖，全缘，基部渐狭而成1短柄，柄长1～15mm；托叶对生，基部膜质，顶有锥尖状裂片数枚，长1.2～2.5mm。花无梗，丛生于小枝顶和近顶部的叶腋；苞片1，斜方状椭圆形，先端针尖，长约2mm，白色，膜质；萼5裂，裂片三角状锥尖，革质；花冠管状，白色，长6～8mm；内有茸毛1簇，5裂，裂片长圆状披针形，长约2.5mm。核果近球形。花期5—6月，果期7—8月。

药用有祛风、利湿、清热、解毒的功效。

112 白檀

山矾科 山矾属 落叶灌木或小乔木

嫩枝有灰白色柔毛，老枝无毛。叶膜质或薄纸质，阔倒卵形，长3～11cm，宽3～4cm，先端急尖或渐尖，基部阔楔形或近圆形，边缘有细尖锯齿，叶面无毛或有柔毛，叶柄长3～5mm。圆锥花序长5～8cm，通常有柔毛；苞片早落，通常条形，有褐色腺点；花萼长2～3mm，萼筒褐色，无毛或有疏柔毛；花冠白色，长4～5mm，5深裂几达基部。核果熟时蓝色，卵状球形，稍偏斜，长5～8mm，顶端宿萼裂片直立。花期5—7月。是良好的园林绿化点缀树种。

白檀花有蜜腺，可作为蜜源植物，种子可榨油，叶可作为饲料。

113 北美车前

车前科 车前属 二年生草本

须根系，根深入土中5～10cm。根状茎粗短；全株被白色长柔毛。叶基生，叶片狭倒卵形或倒披针形，基部楔形下延成翅柄，边缘有浅波状齿，叶脉弧状。花茎自基部抽出，高20～40cm。每穗状花序上密生约80～100朵花。形成的蒴果宽卵形，每蒴果生种子2粒，长卵状舟形，黄色或褐黄色，每株北美车前多者可产生近千枚种子。花期5—6月，果期7—8月。常见于低海拔草地、路边、湖畔。适应性强，耐寒、耐旱。

全草入药，具有清热利尿、祛痰、凉血、解毒的功效。

114 车前

车前科 车前属 一年生或二年生草本

直根长，有多数侧根。根茎短，稍粗。叶基生呈莲座状，平卧、斜展或直立；叶片薄纸质或纸质，宽卵形至宽椭圆形。花序3～10个，直立或弓曲上升；花序梗有纵条纹，疏生白色短柔毛；穗状花序细圆柱状；苞片狭卵状三角形或三角状披针形；花有短梗；萼片先端钝圆或钝尖，龙骨突不延至顶端，前对萼片椭圆形；花冠白色，无毛，冠筒与萼片约等长。蒴果纺锤状卵形，种子5～6，卵状椭圆形或椭圆形。花期5—7月，果期7—9月。

幼苗可食用，全株可入药，具有利尿、清热、明目、祛痰的功效。

115 垂珠花

安息香科 安息香属 落叶灌木或乔木

高达8m；树皮灰褐色，嫩枝有星状毛，后变无毛。叶椭圆状长圆形或倒卵形，上半部边缘有细齿。圆锥花序或总状花序顶生或腋生；花序梗和花梗均密被灰黄色星状细柔毛；花白色；小苞片钻形，生于花梗近基部，密被星状绒毛；花萼杯状，外面密被黄褐色星状绒毛，花冠裂片长圆形或长圆状披针形，外面密被白色星状短柔毛。果实卵形或球形，种子褐色，平滑。花期5—6月，果期10—12月。常见于山地杂木林中。

叶药用，能润肺止咳；
种子可榨油，油为半干性油，可作油漆及制肥皂。

116 打碗花

旋花科 打碗花属 一年生草本

茎细，平卧，有细棱。基部叶片长圆形，顶端圆，基部戟形，上部叶片3裂，中裂片长圆形或长圆状披针形，侧裂片近三角形，叶片基部心形或戟形。花腋生，花梗长于叶柄，苞片宽卵形；萼片长圆形，顶端钝，有小短尖头，内萼片稍短；花冠淡紫色或淡红色，钟状，冠檐近截形或微裂。蒴果卵球形，宿存萼片与之近等长或稍短；种子黑褐色，表面有小疣。花期5—10月。可作园林地被植物。

 根可入药，具有调经活血、滋阴补虚的功效；夏秋采鲜花用可治牙痛。

117 大蓟

菊科 蓟属 多年生草本

株高50～100cm或更高。根丛生，长圆锥形，肉质。茎直立，基部被白色丝状毛。基生叶有柄，长圆形或披针状长椭圆形，长10～30cm，羽状深裂，边缘不整齐浅裂，齿端有针刺，正面疏生丝状毛，背面脉上有毛；茎生叶互生，无柄，基部抱茎。头状花序，顶生或腋生；总苞圆球形，有蛛丝状毛。总苞片多层，条状披针形，外层顶端有刺，花两性，筒状，花冠紫红色。瘦果椭圆形，冠毛暗灰色，羽毛状，顶端扩展。花期5—8月，果期6—8月。野生于山坡、路边等处。

具有凉血止血、祛瘀消肿的功效。

118 单花莸

马鞭草科 莸属 多年生草本

有时蔓生，仅基部木质化，高30～60cm，茎方形。叶片纸质，宽卵形至近圆形，顶端钝，基部阔楔形至圆形，边缘有4～6对钝齿，两面均被柔毛及腺点，叶柄长0. 3～1cm，被柔毛。单花腋生，纤细花柄，近花柄中部生两枚锥形细小苞片；花萼杯状，长约6mm，结果时略增大，两面均被柔毛和疏生腺点，5裂，裂片卵圆形或卵状披针形，有明显脉纹；花冠淡蓝色，外面疏生细毛和腺点。蒴果4瓣裂，淡黄色。花、果期5—9月。园林中利用其耐阴湿，作观花观叶用。

全草有祛暑解表、利尿解毒的功效。

119 地耳草

藤黄科 金丝桃属 一年生或多年生草本

株高15～40cm，茎单一细小，有4纵线棱，直立成披散状。叶无柄，通常卵形或卵状三角形至长圆形或椭圆形，长4～15mm，宽2～8mm，先端近锐尖到圆形，基部心形抱茎到截形，为平整全缘叶，坚纸质，正面绿色，背面淡绿。聚伞花序顶生，具花1～3朵，两歧状或略呈单歧状，苞片及小苞片线形、披针形或叶状；花瓣白色、淡黄至橙黄色，椭圆形或长圆形，先端钝形，无腺点，宿存。蒴果短圆柱形或圆球形，种子淡黄色，圆柱形，两端锐尖。花期5—6月。

全草入药，能清热解毒、止血消肿，可用于治肝炎、跌打损伤以及疮毒。

120 豆腐柴

马鞭草科 豆腐柴属 落叶灌木

别名臭黄荆、观音草、止血草等。直立灌木，幼枝有柔毛，老枝变无毛。叶揉之有臭味，卵状披针形、椭圆形、卵形或倒卵形，长3～13cm，宽1.5～6cm，顶端急尖至长渐尖，基部渐狭窄下延至叶柄两侧，全缘有不规则粗齿，无毛或有短柔毛；叶柄长0.5～2cm。聚伞花序组成顶生塔形的圆锥花序；花冠淡黄色，外有柔毛和腺点，花冠内部有柔毛，以喉部较密。核果紫色，球形或倒卵形。花、果期5—9月。

药食两用植物，其叶可制豆腐，富含果胶；
根、茎、叶入药，清热解毒、消肿止血，
主治毒蛇咬伤、无名肿毒、创伤出血。

121 断续菊

菊科 苦苣菜属 一二年生草本

茎中空，直立高50～100cm，下部无毛，中上部及顶端有稀疏腺毛。茎生叶片卵状狭长椭圆形，不分裂，缺刻状半裂或羽状分裂，裂片边缘密生长刺状尖齿，刺较长而硬，基部有扩大的圆耳。头状花序直径约2cm，花序梗常有腺毛或初期有蛛丝状毛；总苞钟形或圆筒形，长1.2～1.5cm；舌状花黄色，长约1.3cm，舌片长约0.5cm。瘦果较扁平，短宽而光滑，两面除有明显的3纵肋外，无横纹，有较宽的边缘。花、果期5—10月。常见于路边和荒野以及 水沟低洼处。

具有清热解毒、止血的功效。

122 盾果草

紫草科 盾果草属 一年生草本

茎1条至数条，茎较细，圆柱形，表面枯绿色，有灰白色粗毛，易断，直立或斜升，高20～45cm，常自下部分枝，有开展的长硬毛和短糙毛。基生叶丛生，匙形，全缘或有疏细锯齿，茎生叶较小，无柄，狭长圆形或倒披针形。花序长7～20cm；苞片狭卵形至披针形，花梗长1. 5～3mm；花萼长约3mm，花冠淡蓝色或白色，显著比萼长，裂片近圆形，开展。小坚果4，长约2mm，黑褐色，碗状突起的外层边缘色较淡，齿长约为碗高的一半，内层碗状突起不向里收缩。花、果期5—7月。

全草鲜用或晒干，可清热解毒、消肿。

123 鹅肠菜

石竹科 鹅肠菜属 二年生或多年生草本

茎上升，多分枝，长50～80cm，上部被腺毛。叶片卵形或宽卵形，长2.5～5.5cm，宽1～3cm，顶端急尖，基部稍心形，有时边缘有毛；叶柄长5～15mm，上部叶常无柄或有短柄，疏生柔毛。顶生二歧聚伞花序；苞片叶状，边缘有腺毛；花梗细，密被腺毛；萼片卵状披针形或长卵形，花瓣白色，2深裂至基部，裂片线形或披针状线形，长3～3.5mm，宽约1mm。种子近肾形，稍扁，褐色，有小疣。花期5—8月，果期6—9月。

全草供药用，具有清热通淋、凉血活血、消肿止痛、消积通乳等功效，幼苗可作野菜和饲料。

124 风花菜

十字花科 蔊菜属

别名球果蔊菜、圆果蔊菜、银条菜。高20～80cm，植株被白色硬毛或近无毛。茎单一，基部木质化，下部被白色长毛，上部近无毛分枝或不分枝。茎下部叶有柄，上部叶无柄，叶片长圆形或倒卵状披针形，长5～15cm，宽1～2.5cm，基部渐狭，下延成短耳状而半抱茎，边缘有不整齐粗齿，两面被疏毛，尤以叶脉为显。总状花序多数，呈圆锥花序式排列，果期伸长。花小，黄色，有细梗，长4～5mm；花瓣4片，倒卵形，基部渐狭成短爪。短角果实近球形，种子淡褐色，扁卵形。花期5—7月，果期7—9月。

有清热利尿、解毒、消肿的功效。

125 狗尾草

禾本科 狗尾草属 一年生草本

别名谷莠子、莠。秆直立或基部膝曲，高10～100cm，基部径达3～7mm。叶鞘松弛，无毛或有疏柔毛或疣毛，边缘有较长的密绵毛状纤毛。叶舌极短；叶片扁平，长三角状狭披针形或线状披针形，长4～30cm，宽2～18mm，通常无毛或疏被疣毛，边缘粗糙。圆锥花序紧密呈圆柱状或基部稍疏离，直立或稍弯垂，主轴长2～15cm，宽4～13mm，被较长柔毛，通常绿色或褐黄到紫红或紫色。颖果灰白色。花、果期5—10月。

秆、叶可作饲料，也可入药，治痈瘀、面癣。
全草加水煮沸约20分钟后，滤出液可喷杀菜虫。

126 过路黄

报春花科 珍珠菜属 多年生草本植物

别名金钱草。茎匍匐，由基部向顶端逐渐细弱呈鞭状，长20～60cm。叶、萼、花冠均有黑色腺条。叶对生，心形、卵圆形、近圆形、肾圆形，长2～5cm、宽1～4. 5cm，叶柄比叶片短或与之近等长，无毛或密被毛。花单生叶腋；花梗长1～5cm，通常不超过叶长；花萼分裂近达基部；花冠黄色，长7～15mm，基部合生，裂片狭卵形及近披针形，质地稍厚，有黑色长腺条。蒴果球形，无毛，有稀疏黑色腺条。花期5—7月，果期7—10月。不耐寒。

全草可供药用，具有清热利湿、排石解毒、活血散瘀、消肿止痛等功效。

127 杭子梢

豆科 杭子梢属 落叶灌木

小枝有白色密毛，老枝常无毛。三出羽状复叶，顶生小叶比侧生小叶大，椭圆形，有小凸尖，基部圆形，全缘；上面无毛，下面有柔毛。总状花序腋生或圆锥状花序顶生；花萼钟形，萼齿5，贴生短柔毛；花冠紫红色或近粉红色，旗瓣椭圆形、倒卵形或近长圆形等，翼瓣微短于旗瓣或等长，龙骨瓣呈直角或微钝角内弯，花形似三角状镰刀形；花脱落时，花梗不落。荚果长圆形、近长圆形或椭圆形，先端有短喙尖，有网脉。花、果期5—10月。可供园林观赏及作水土保持植物。

嫩叶可作饲料及绿肥。

128 虎耳草

虎耳草科 虎耳草属 多年生草本

株高14～45cm，匍匐茎细长，红紫色，密被卷曲长腺毛，有1～4枚苞片状叶。基生叶有长柄，肉质，叶片近心形、肾形至扁圆形，长1. 5～7. 5cm，宽2～12cm，先端钝或急尖，基部近截形、圆形或心形，叶缘浅裂（有时不明显），裂片边缘有不规则齿牙和腺睫毛，叶两面有长伏毛，上面有白色斑纹，下面紫红色或有斑点；茎生叶披针形，长约6mm，宽约2mm。圆锥花序，花瓣5，白色，下2瓣披针形，上3瓣卵形。蒴果卵圆形。花期5—6月。

除观赏外全株可入药，具有消肿解毒、祛风止痛、强心利尿的功效，孕妇慎服。

129 檵木

金缕梅科 檵木属 落叶灌木、稀为小乔木

小枝有锈色星状毛。叶革质，卵形，顶端锐尖，基部偏斜而圆，下面密生星状柔毛。花3～8朵簇生，有短花梗，白色，比新叶先开放，或与嫩叶同时开放，花序柄长约1cm，被毛；苞片线形，萼筒杯状，被星毛，花瓣4片，带状，长1～2cm，先端圆或钝；雄蕊4个，子房完全下位，被星毛。蒴果卵圆形，先端圆，被褐色星状绒毛；种子圆卵形，黑色，发亮。花期5月，果期8月。适应性强，宜制作盆景及园林绿化造景。

叶可用于止血；根、叶用于跌打损伤，有祛瘀生新的功效。

130 金樱子

蔷薇科 蔷薇属 常绿攀缘灌木

高可达5m, 小枝粗壮，散生扁弯皮刺，无毛。小叶革质，通常3片；小叶片椭圆状卵形，边缘有锐锯齿，正面亮绿色，背面黄绿色，两面无毛，背面沿中脉有细刺；托叶离生或基部与叶柄合生，披针形，边缘有细齿。花单生于叶腋，直径5～7cm；花瓣白色，宽倒卵形，先端微凹。果梨形、倒卵形，稀近球形，紫褐色，外面密被刺毛，果梗长约3cm，萼片宿存。花期5月，果期9—10月。喜生于向阳处。

根皮含鞣质，可制栲胶，果实可熬糖及酿酒。根、叶、果均均入药，根有活血散瘀、祛风除湿、解毒收敛及杀虫等功效。

131 林泽兰

菊科 泽兰属 多年生草本

株高30～150cm，根茎短，有多数细根。茎直立，下部及中部红色或淡紫红色，嫩茎及叶都被稠密的白色细柔毛，成长后渐脱落。下部茎叶花期脱落；中部茎叶长椭圆状披针形或线状披针形，质厚，基出三脉，两面粗糙，被白色长或短粗毛及黄色腺点。头状花序有管状花5朵在茎顶或枝端紧密排成的伞房状，花序枝及花梗紫红色或绿色，被白色密集的短柔毛；花白色、粉红色或淡紫红色，花冠长4. 5mm。瘦果黑褐色，圆柱形有5纵棱及多数腺体，冠毛白色。花、果期5—12月。

枝、叶入药，有发表祛湿、和中化湿的功效。

132 瘤梗甘薯

旋花科 番薯属 多年生草本

茎缠绕，多分枝，被稀疏的疣基毛。叶互生，卵形或宽卵形，全缘，基部心形，先端有尾状尖，长2～6cm，宽2～5cm，上面粗糙，下面光滑；柄无毛，有时有小疣。花序腋生，梗有棱和瘤状突起，无毛；花冠漏斗状，白色、淡红色或淡紫红色。蒴果近球形，径6～7mm，中部以上被毛，有花柱形成的细尖头，4瓣裂，种子2，长3～3.5mm，无毛，黑色。花、果期5—10月。有一定的观赏和药用价值。

原产美洲热带地区，近代有意引进，人工引种繁衍扩散，适应性强大，可缠绕其他灌木植物造成生物侵害，列入我国外来入侵植物目录。

133 卵叶异檐花

桔梗科 异檐花属 一年生草本

根细小，纤维状，深入土中3～5cm；植株高30～45cm，多不分枝。叶互生，叶片卵形。花1～3朵成簇，腋生及顶生。花冠蓝色或紫色，花细小。蒴果近圆柱形，形似炮弹，蒴果的开裂方式十分少见，在蒴果的上端侧面有薄膜状2孔裂，众多的种子就从这2孔中逸出繁殖。每植株约生20～30个蒴果，种子卵状椭圆形，稍扁，长仅0.4mm，繁殖能力较强。原产于美洲，常见于山坡草丛、路边，每平方米分布30～40株。花、果期暂未能查到，照片摄于5月。

134 轮叶排草

报春花科 珍珠菜属 多年生直立草本

又名轮叶过路黄，我国特有植物。高15～40cm，全株密被多胞锈色长毛。茎通常2至数条簇生，直立，近圆柱形。3叶轮生，在茎的顶部密集，茎下部的叶有时对生或各节3～4枚轮生；叶片椭圆形或披针形，先端急尖或渐尖，基部狭楔形，长2～5cm、宽7～13mm。花密集生于茎端，外面花梗长于内面花梗；花萼深裂，裂片披针形，背部中脉凸起，花冠黄色，5深裂，裂片椭圆形舌状，先端钝尖，或稍微缺。蒴果近球形，径约4mm。花期5—6月，果期6—7月。

全草晒干入药，有凉血止血、平肝的功效，可解蛇毒。

135 络石

夹竹桃科 络石属 常绿木质藤本

最高可达10m，全株具有乳汁，茎圆柱形，赤褐色。叶革质或近革质，叶片椭圆形、卵状椭圆形或宽倒卵形，叶面无毛，中脉微凹，侧脉扁平，叶柄短。二歧聚伞花序腋生或顶生，花多朵组成圆锥状，花白色，芳香；苞片及小苞片狭披针形，裂片线状披针形，花蕾顶端钝，花冠筒圆筒形，雄蕊着生在花冠筒中部。种子线形，褐色。花期5—6月，果期9—10月。常缠绕生长，亦可移栽于园圃，供观赏。

根、茎、叶、果实供药用，有祛风活络、止痛消肿、清热解毒的功效。乳汁有毒，对心脏有毒害作用。

136 马棘

豆科 木蓝属 落叶小灌木

主干高1～3m，多分枝。枝细长，幼枝灰褐色，有棱，被丁字毛。羽状复叶，小叶3～5对（少数为2对），椭圆形、倒卵形或倒卵状椭圆形，有小尖头，基部阔楔形或近圆形，两面均有白色丁字毛，有时上面毛脱落。托叶小，狭三角形。总状花序，花密集；花冠淡红色或紫红色，旗瓣倒阔卵形，先端螺壳状，外面有丁字毛，翼瓣基部有耳状附属物，龙骨瓣基部有耳。荚果线状圆柱形，幼时密生短丁字毛；种子椭圆形，种子间横隔上有紫红色斑点。花期5—8月，果期9—10月。

根或地上部分入药，有清热解表、散瘀消积的功效。

137 茅莓

蔷薇科 悬钩子属 落叶小灌木

株高1～2m，枝呈弓形弯曲，被柔毛和稀疏钩状皮刺。小叶3枚，偶有5枚，菱状圆形或倒卵形，长2.5～6cm、宽2～5cm，顶端圆钝，边缘浅裂，有不整齐粗锯齿，正面伏生疏柔毛，背面密被灰白色绒毛；叶柄、叶轴有柔毛及小皮刺；托叶线形，有柔毛。伞房花序顶生或腋生，被柔毛和稀疏小皮刺；花约1cm，粉红至紫红色，花瓣卵圆形或长圆形，基部有爪。果实卵球形，红色。花期5—6月，果期7—8月。

果实酸甜多汁，可供食用、酿酒及制醋等；根和叶均含单宁；全株入药，有止痛、活血、祛风湿及解毒的功效。

138 木防己

防己科 木防己属 木质藤本

通常缠绕其他灌木而生。小枝被绒毛或疏柔毛，有条纹，嫩茎被黄褐色长柔毛。叶片纸质或近革质，叶卵形或卵状长圆形，先端尖或渐尖，全缘或有3裂，下面密被长毛，掌状基出脉3～5条；叶柄有长柔毛。雌雄异株，单生聚伞花序或作圆锥花序腋生，花瓣6，顶端2裂；雄花的雄蕊长约1.2mm，金黄色；雌花有退化雄蕊6，心皮6。核果近球形，成熟时蓝黑色，表面带有白粉。花期5—7月，果期6—10月。庭院栽培可用于拱门、廊柱、山石、树干的垂直绿化及地被。

根和茎药用，有祛风、解毒、止痛的功效。

139 泥胡菜

菊科 泥胡菜属 一年生草本

株高30～100cm，茎单生，上部常分枝。基生叶长椭圆形或倒披针形，花期通常枯萎；中下部茎叶与基生叶同形，全部叶大头羽状深裂或几乎全裂，全部裂片边缘有三角形锯齿或重锯齿；茎叶质地薄，两面异色，正面绿色、无毛，背面灰白色、被厚或薄绒毛，柄基扩大抱茎。头状花序在茎枝顶端排成疏松伞房花序，少有植株仅含一个头状花序而单生茎顶；总苞片多层，覆瓦状排列，全部苞片质地薄，草质，小花紫色或红色。瘦果小，冠毛异型，白色，两层。花、果期5—8月。

全草可作饲料，入药具有清热解毒、消肿散结的功效。

140 荞麦叶大百合

百合科 大百合属 多年生高大草本

高约1m以上，除基生叶外，约离茎基部25cm处开始有茎生叶；叶纸质，有网状脉，卵状心形或卵形，先端急尖，基部近心形，正面深绿色，背面淡绿色；叶柄长6～20cm，基部扩大。总状花序有花3～5朵；每花有一枚长圆形苞片；花狭喇叭形，乳白色或淡绿色，内具紫色条纹；花被片条状倒披针形，长13～15cm，宽1.5～2cm。蒴果近球形，长4～5cm，宽3～3.5cm，红棕色；种子扁平，红棕色，周围有膜质翅。花期5—7月，果期8—9月。

 有清肺止咳、解毒的功效，可用于治疗肺尘、肺结核咯血、鼻窦炎、中耳炎。

141 山合欢

豆科 合欢属 落叶小乔木或灌木

别名白夜合、山槐。通常高3～8m，枝条暗褐色，被短柔毛，有显著皮孔。2回羽状复叶；羽片2～4对；小叶5～14对，长圆形或长圆状卵形，两面均被短柔毛。头状花序2～7枚生于叶腋，或于枝顶排成圆锥花序；花初白色，后变黄，有明显的小花梗；花萼管状，长2～3mm；花冠中部以下连合呈管状，裂片披针形；花萼、花冠均密被长柔毛。荚果带状，深棕色，嫩荚密被短柔毛，老时无毛。种子4～12颗，倒卵形。花期5—6月，果期8—10月。山合欢生长快，能耐干旱及瘠薄地，花美丽，可作为风景树。

142 山麦冬

百合科 山麦冬属 多年生草本

别名大麦冬、土麦冬、鱼子兰、麦门冬。植株有时丛生；根状茎短，木质，有地下走茎。叶长25～60cm，宽4～6mm（少数可达8mm），先端急尖或钝，基部常包以褐色的叶鞘，正面深绿色，背面粉绿色，具5条脉，中脉比较明显，边缘有细锯齿。花葶通常长于或几乎等长于叶，少数稍短于叶。总状花序长，有多数花；花被片长圆形、长圆状披针形，长4～5mm，先端钝圆，淡紫色或淡蓝色。种子近球形，直径约5mm。花期5—7月，果期8—10月。

干燥块根可以入药，具有养阴生津、润肺清心的功效，主治阴虚干咳、热病伤津、心烦、口渴、咽干、便秘。

143 蛇床

伞形科 蛇床属 一年生草本

株高10～60cm，茎直立多分枝，中空，表面有深条棱。下部叶有短柄，叶鞘短宽，边缘膜质，上部叶柄全部鞘状，2～3回3出式羽状全裂；羽片轮廓卵形或卵状披针形、三角状卵形，先端常略呈尾状，末回裂片线形或线状披针形，有小尖头。复伞形花序直径2～3cm，小伞形花序有花15～20朵，花瓣白色，先端有内折小舌片。分生果长圆状，主棱5，均扩大成翅，横剖面近五角形。花期5月。喜温暖、湿润的环境，可作园林绿化地被植物。

果实入药为“蛇床子”，有解燥湿、杀虫止痒、壮阳的功效。

144 石竹

石竹科 石竹属 多年生草本

茎由根茎生出，直立，上部分枝，粉绿色，疏丛生，高30～50cm，全株无毛。叶片线状披针形，长3～5cm，宽2～4mm，全缘或有细小齿。花单生枝端或数花集成聚伞花序；苞片4，卵形，顶端长渐尖，长达花萼1/2以上，边缘膜质，有缘毛；花萼圆筒形，有纵条纹，萼齿披针形，有缘毛；花瓣倒卵状三角形，紫红色、粉红色、鲜红色或白色，顶缘有不整齐齿裂，喉部有斑纹，疏生髯毛。蒴果圆筒形，顶端4裂；种子黑色，扁圆形。花期5—6月，果期7—9月。能吸收SO_2和Cl_2。

根和全草入药，有清热利尿、破血通经、散瘀消肿的功效。

145 绶草

兰科 绶草属 多年生草本

植株细弱，高10～40cm。根数条，白色，指状，肉质，簇生于茎基部，茎较短，近基部生2～5枚叶。基生叶线形或宽线状披针形，极罕为狭长圆形，长3～15cm，宽0.3～1cm；茎上部叶苞片状，顶端长尖。花茎直立，总状花序长5～15cm，上部被腺状柔毛至无毛；多数花密生，花小，淡红色，钟状，在花序轴上呈螺旋状排生；萼片长3～4mm，中萼片狭椭圆形，侧萼片披针形，先端稍尖；两侧花瓣直立，唇瓣中部略收缩，上部反曲与花萼靠合呈兜状。蒴果椭圆形，长5～6mm。花期5—7月，果期7—9月。

全草药用，具有滋阴益气、凉血解毒、涩精的功效。

146 小蜡

木犀科 女贞属 落叶灌木或小乔木

高2～4m(少数可达7m)，小枝圆柱形，幼时被淡黄色短柔毛，老时近无毛。叶片纸质或薄革质，卵形、椭圆状卵形，表面深绿色，背面淡绿色，常沿中脉被短柔毛，侧脉4～8对。叶柄长2～8mm，被短柔毛。圆锥花序顶生或腋生，塔形，长4～11cm，宽3～8cm，花序轴被较密淡黄色短柔毛或近无毛；花梗长1～3mm，被短柔毛或无毛；花萼无毛，长1～1.5mm，先端呈截形或呈浅波状齿；花冠长3.5～5.5mm。果近球形，径5～8mm。花期5—7月，果期10月。

果实可酿酒；种子榨油可制肥皂；树皮和叶入药，有清热降火等功效。

147 薤白

百合科 葱属 多年生草本

又名小根蒜、山蒜、小蒜。鳞茎近球形，径1～1.5cm，外被白色膜质鳞皮。基生叶数片，半圆柱状线形，中空，长20～40cm，宽2～4mm，上部扁平，腹面内凹。花葶棱柱状，有2～3纵棱或窄翅，高20～60cm，中部粗1.5～3.5mm，下部被叶鞘总苞2～3裂，早落伞形花序少花，松散，小花梗近等长，比花被片长2～5倍，顶端常俯垂，基部无小苞片；花钟状开展，红紫色至紫色花被片长8～12mm，先端平截或凹缺，外轮宽长圆形，舟状，内轮卵状长圆形，比外轮的稍长。花期5—8月，果期7—9月。

干鳞茎入药具有通阳散结、行气导滞的作用，也可作蔬菜食用。

148 寻骨风

马兜铃科 马兜铃属 多年生缠绕草本

又名绵毛马兜铃。全株密被灰白色绵毛。根状茎细长，圆柱形，在土下横生，有多数须根。嫩枝密被灰白色长绵毛，老枝无毛，干后常有纵槽纹，暗褐色。叶纸质互生，卵形、卵状心形，长3.5～10cm，宽2.5～8cm，顶端钝圆至短尖，基部心形，全缘，叶柄长2～5cm。花单生于叶腋，花梗近中部有1叶状苞片；花被弯曲成烟斗形，顶端3裂，内侧黄色或紫色。蒴果圆柱形，沿背缝线具有宽翅，黑褐色，6瓣裂。花期5—6月，果期7—10月。

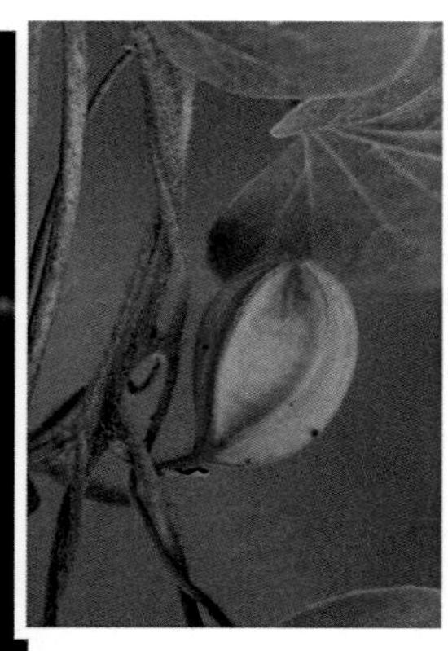

全草在夏季开花前采收，晒干入药，气微香，味苦而辛，能祛风湿、通经络和止痛。

149 野蔷薇

蔷薇科 蔷薇属 攀缘灌木

小枝圆柱形，通常无毛，有短、粗稍弯曲皮束。小叶5～9，近花序的小叶有时3；小叶片倒卵形、长圆形或卵形，长1.5～5cm，宽8～28mm，先端急尖或圆钝，基部近圆形或楔形，正面无毛，背面有柔毛。花多朵，排成圆锥状花序；花直径1.5～2cm，萼片披针形，有时中部有2个线形裂片，外面无毛，内面有柔毛；花瓣白色，宽倒卵形，先端微凹，基部楔形。果近球形，直径6～8mm，红褐色或紫褐色，有光泽，无毛，萼片脱落。花期5—6月，果期7—10月。

根、叶、花、果可入药，具有收敛、理气、通经、利尿等功效。

150 野山楂

蔷薇科 山楂属 落叶灌木

主干可达15m，有时乔木状，分枝密，有刺。一年生枝紫褐色，有柔毛；老枝灰褐色，无毛，散生长圆形皮孔。叶片宽倒卵形或倒卵状长圆形，长2～6cm、宽1～4. 5cm，先端急尖，基部楔形，下延连叶柄，边缘有不规则重锯齿，顶端常有3或稀5～7浅裂片。伞房花序，有花5～7朵，白色，花直径约1. 5cm，花瓣近圆形或倒卵形，基部有短爪。梨果红色或黄色，近球形或扁球形，常有宿存萼片，内有4～5小核。花期5—6月，果期9—11月。

药食两用，具有健胃、消积化滞、降血压、降胆固醇的功效；嫩叶可以代茶，茎、叶煮汁可洗漆疮。

151 野鸦椿

省沽油科 野鸦椿属 落叶灌木或小乔木

干高3～5m，树皮灰褐色，具纵条纹，小枝及芽棕红色，枝叶揉碎后有恶臭气味。奇数羽状复叶对生，叶轴厚纸质淡绿色，小叶7～11，稀3～11，厚纸质，卵形至卵状披针形，长4～8cm、宽2～4cm，顶端渐尖，基部圆形成阔楔形，边缘有细锯齿；托叶线形，早落。圆锥花序顶生，长12～15cm，花小而多，绿色至黄白色、黄棕色。蓇葖果紫红色，基部有宿存萼片及花瓣；种子近圆形，约5mm，黑色有光泽。全树有多种用途，可栽培作观果盆栽。花期5—6月，果期9～10月。

树皮可提取鞣质，根皮、干果可入药，用于祛风除湿。

152 一年蓬

菊科 飞蓬属 一年生或二年生草本

茎粗壮直立，高30～100cm，下部被长硬毛，上部被上弯短硬毛。基生叶长圆形或宽卵形，长4～15cm，宽1.5～3cm，顶端尖或钝，基部狭成具翅的长柄，边缘有粗齿；中部和上部叶较小，长圆状披针形或披针形，顶端尖，边缘有不规则齿或近全缘；最上部叶线形，全缘，叶缘有缘毛。头状花序直径约1.5cm，数个排列成伞房状或圆锥状；总苞半球形，3层，外围的舌状雌花平展，线形，顶端有2小齿，白色或有时淡天蓝色；中央管状两性花，黄色。瘦果披针形。花、果期5—10月。

全草入药，可治疟疾、急性胃肠炎等。

153 鱼腥草

三白草科 蕺菜属 多年生草本

有腥臭，株高20～80cm，茎呈扁圆柱形，表面棕黄色，有纵棱数条，质脆易折断；下部伏地，节上生不定须根。叶心形，长3～8cm、宽4～6cm，全缘；表面暗黄绿色至暗棕色，背面灰绿色或灰棕色，脉上有毛；叶柄细，长2～5cm，托叶膜质，线形，长1～2cm，下部与叶柄合生成鞘状。穗状花序在枝顶端与叶对生，基部有白色花瓣状苞片4，黄棕色，搓碎有鱼腥气味。蒴果顶端开裂。花期5—7月，果期7—10月。

含鱼腥草素、挥发油和蕺菜碱，带花全草晒干可入药，嫩根状茎水浸后可供食用，有抗菌、抗病毒、提高机体免疫力的功效。

154 郁李

蔷薇科 樱属 灌木

株高1～1.5m，小枝灰褐色，嫩枝绿色或绿褐色，无毛。冬芽卵形，无毛。叶片卵形或卵状披针形，先端渐尖，基部圆形，边有缺刻状尖锐重锯齿，正面深绿色，无毛，背面淡绿色，无毛或脉上有稀疏柔毛，托叶线形。花1～3朵，簇生，花叶同开或先叶开放；花梗长5～10mm，无毛或被疏柔毛；花瓣白色或粉红色，倒卵状椭圆形；萼筒陀螺形，长宽近相等，约2.5～3mm，无毛，萼片椭圆形，比萼筒略长，先端圆钝，边有细齿。核果近球形，深红色，直径约1cm。花期5月，果期7—8月。园林用宜丛植于草坪、山石旁，或林缘、建筑物前。

155 元宝草

藤黄科 金丝桃属 多年生草本

株高可达1m，茎圆柱形，直立，光滑无毛。叶片长椭圆状披针形，基部合生为一体，茎贯穿其中心，全缘，坚纸质，正面绿色，背面淡绿色，边缘密生有黑色腺点。花小，黄色，萼片、花瓣各5；花直径6～15mm，近扁平，基部为杯状；花蕾卵珠形，先端钝形；花瓣淡黄色，椭圆状长圆形，宿存，边缘有无柄或近无柄的黑腺体，全面散布淡色或稀为黑色腺点和腺条纹。蒴果宽卵珠形，有黄褐色腺体；种子黄褐色，长卵柱形。花期5—6月，果期7—8月。

全草入药，有凉血止血、清热解毒、
活血调经、祛风通络的功效。

156 紫苜蓿

豆科 苜蓿属 多年生草本

茎四棱形，多分枝，高30～100cm。羽状三出复叶，小叶倒卵形或倒披针形，长1～2cm、宽0. 5cm，先端圆，中肋稍突出，上部叶缘有锯齿，两面有白色长柔毛；托叶大，卵状披针形，先端锐尖，基部全缘或有1～2齿裂，脉纹清晰，有柔毛，长约5mm。总状花序腋生，长1～2. 5cm，有花5～30朵；苞片线状锥形，比花梗长或等长；花冠紫色，花瓣均有长瓣柄，旗瓣长圆形，先端微凹，明显较翼瓣和龙骨瓣长，翼瓣较龙骨瓣稍长。荚果螺旋形，有疏毛，先端有喙。花期5—7月，果期6—8月。

为优良饲料植物，又可作绿肥，幼嫩时为味美的蔬菜。

157 杠板归

蓼科　蓼属　一年生攀缘草本

茎红褐色，有纵棱，棱上有用于攀缘的倒生钩刺。叶盾状着生，淡绿色，近三角形，长4～6cm，宽3～6cm，叶柄与叶片等长，背面疏生钩刺；托叶鞘叶状草质，近圆形，穿叶包茎。总状花序呈短穗状，顶生或生于上部叶腋；苞片圆形，花被5深裂，白色或淡红紫色，椭圆形，长约3mm，随果实而增大，变为肉质，深蓝色。瘦果球形，径约3～4mm，黑色或暗褐色，有光泽，包在蓝色花被内。花期6—8月，果期9—10月。

茎、叶供药用，有利水消肿、清热、活血、解毒等功效；
叶可提取靛蓝，用于印染及制墨、油漆等。

158 海州常山

马鞭草科 大青属 落叶灌木

主干高1.5～10m，嫩枝近四棱形，有黄褐色短柔毛，老枝灰白色，有皮孔，髓白色，有淡黄色薄片状横隔。叶片纸质，卵形、卵状椭圆形或三角状卵形，表面深绿色，背面淡绿色，幼时被白色短柔毛，叶柄长2～8cm。伞房状聚伞花序顶生或腋生，花香；花萼蕾时绿白色，后紫红色，有5棱脊，顶端5深裂，裂片三角状披针形或卵形；花冠白色或带粉红色，顶端5裂，裂片长椭圆形。核果近球形，成熟时外果皮蓝紫色。花、果期6—11月。

其花香可驱蚊蝇，根、茎、叶均有治疗高血压，祛风湿，解毒疮等药用价值。

159 藿香蓟（胜红蓟）

菊科 藿香蓟属 一年生草本

株高40～60cm，茎枝淡红色或上部绿色，全株被白毛。叶对生或互生，卵形或菱状卵形，长4～13cm，宽2. 5～6. 5cm；基部圆钝或宽楔形，基出三脉或不明显五出脉，顶端急尖，边缘圆锯齿，两面被白柔毛且有黄色腺点。4～18个头状花序在茎顶排成伞房状花序；总苞钟状或半球形；花冠檐部5裂，淡紫色。瘦果黑褐色，5棱，有白毛。花期6—9月，果期8—11月。可用于配置花坛和地被，或庭院路边点缀。矮生种可盆栽观赏，高秆种可作切花。

全草有清热解毒、消炎止血的功效，
可敷治蛇伤、虫伤、跌打损伤。

160 截叶铁扫帚

豆科 胡枝子属 小灌木

茎直立或斜升，高30～100cm。小叶3，密生，楔形或线状楔形，先端近截形，有小刺尖，正面近无毛，背面密被伏毛。总状花序腋生，有花2～4朵；花萼狭钟形，密被伏毛，5深裂，裂片披针形；花冠淡黄色或白色，旗瓣基部有紫斑，翼瓣与旗瓣近等长，龙骨瓣稍长；闭锁花簇生于叶腋。荚果宽卵形或近球形，被伏毛。花、果期6—10月。为水土保持和绿肥植物。

根及全株药用，有明目益肝、活血清热、利尿解毒的功效。
青干草、草粉或荚果都是牛、羊的优良饲草。
民间还将老株制作成扫帚，故名“铁扫帚”。

161 鳢肠

菊科　鳢肠属　一年生草本

别名旱莲草、墨水草等。茎直立、斜升或平卧，最高可达60cm，常自基部分枝，被伏毛。叶长圆状披针形或披针形，无柄或有极短的柄，长3～10cm，宽0.5～2.5cm，顶端尖或渐尖，边缘有细锯齿或有时仅波状，两面被密硬糙毛。头状花序径6～8mm，有细花序梗；外围的雌花2层，舌状，长2～3mm，舌片短，顶端2浅裂或全缘，中央的两性花多数，花冠管状，白色，长约1.5mm，顶端4齿裂。瘦果三棱形或扁四棱形，顶端截形，有1～3个细齿，边缘有白色的肋，表面有小瘤状突起，无毛。花期6—10月。

全草入药，有凉血、止血、消肿、强壮的功效。

162 绿叶胡枝子

豆科 胡枝子属 直立灌木

株高1～3m，枝灰褐色或淡褐色，被疏毛。小叶卵状椭圆形，先端急尖，基部稍尖或钝圆，正面鲜绿色，光滑无毛，背面灰绿色，密被贴生的毛。总状花序腋生，在枝上部构成圆锥花序；花萼钟状，密被长柔毛，花冠淡黄绿色，长约10mm，旗瓣近圆形，基部两侧有耳，有短柄；翼瓣椭圆状长圆形，基部有耳和瓣柄；龙骨瓣倒卵状长圆形，基部有明显的耳和长瓣柄。荚果长圆状卵形，长约15mm，表面有网纹和长柔毛。花期6—7月，果期8—9月。

根与花入药治伤风咳嗽、恶寒发热、头身疼痛、浮肿发黄、小儿惊风、蛔虫腹痛。

163 马兰

菊科 马兰属 多年生草本

茎直立，高30～50cm，根状茎有匍枝。叶稍薄质，中部叶披针形或倒卵状长圆形，长7～10cm，宽15～25mm，顶端钝或尖，有2～4对浅齿或深齿，基部渐狭成具翅的长柄；上部叶渐小，全缘。头状花序单生于枝端并排列成疏伞房状，总苞半球形，苞片2～3层，覆瓦状排列；舌状花1层，15～20个，舌片浅紫色；管状花被短密毛。瘦果倒卵状长圆形，极扁，褐色，边缘有厚肋，上部被腺及短柔毛。花、果期6—10月。

幼叶通常作蔬菜食用，俗称“马兰头”。全草药用，有清热解毒、消食积、利小便、散瘀止血的功效。

164 母草

玄参科 母草属 一年生草本

别名四方拳草、蛇通管、气痛草等。高10～20cm，常铺散成密丛，多分枝，枝弯曲上升，微方形有深沟纹，无毛。叶片三角状卵形或宽卵形，顶端钝或短尖，基部宽楔形或近圆形，边缘有浅钝锯齿，正面近于无毛，背面沿叶脉有稀疏柔毛或近于无毛。花单生于叶腋或在茎枝之顶成极短的总状花序，花梗细弱；花萼坛状，花冠紫色，长5～8mm，上唇直立、卵形、钝头，有时2浅裂，下唇3裂，中间裂片较大，仅稍长于上唇。蒴果椭圆形，与宿萼近等长；种子近球形，浅黄褐色，有明显的蜂窝状瘤突。花、果期6—8月。

全草可药用。

165 牡荆

马鞭草科 牡荆属 落叶小灌木

可生长为小乔木；小枝四方形，密生灰白色绒毛。掌状复叶，对生，有柄；通常为掌状5出，有时为3出；中间小叶最大，两侧依次渐小；小叶披针形或椭圆状披针形，长4～9cm，宽1.5～3.5cm，边缘有多数锯齿，表面绿色，背面淡绿色，无毛或稍有毛。圆锥花序顶生，长10～27cm，花萼钟状，花冠淡紫色，顶端有5裂片，密生灰白色绒毛，二唇形。果实近球形，黑色。花、果期6—11月。

枝叶可提取芳香油，鲜叶入药，具有祛风解表、除湿杀虫、止痛除菌的功效。花含蜜汁，为著名的蜜源植物，枝条可编筐篮。

166 威灵仙

毛茛科 铁线莲属 木质藤本

靠叶柄弯曲攀附于其他植物向水平方向生长。1回羽状复叶有5小叶，纸质，卵形或卵状披针形，或为线状披针形、卵圆形，长1.5～7cm，宽1～5cm，顶端急尖至渐尖，基部宽楔形至圆形，两面疏生短柔毛或近无毛，全缘。圆锥状聚伞花序，腋生或顶生；多花，萼片白色，长圆形至狭倒卵形；花冠白色，直径1～2cm，长圆形或长圆状倒卵形，顶端常凸尖。瘦果扁卵形至宽椭圆形，有柔毛。花期6—8月，果期9—10月。

根入药，能祛风湿、利尿、通经、镇痛；鲜株能治急性扁桃体炎、咽喉炎；全株可作农药，防治菜青虫等等。

167 乌饭树

杜鹃花科 乌饭树属 常绿灌木

株高1～3m，多分枝，枝细，老枝灰褐带红色，幼枝有灰褐色细柔毛，后脱落。叶革质，卵形、椭圆形或长椭圆形，长2.5～6cm，宽1～2.5cm，顶端短尖，基部楔形，边缘有细锯齿，表面平坦有光泽，背面中脉略有刺毛。总状花序顶生和腋生，苞片披针形，长约1cm，宿存；花萼钟状，5浅裂；花冠白色，筒状，略呈坛状，口部裂片短小，三角形，外折，外面密被短柔毛，稀近无毛，内面有疏柔毛。浆果熟时紫黑色，外面通常被短柔毛。花期6—7月，果期10—11月。是优良的桩景树种之一。

其嫩叶可榨汁，用于制作乌米饭。

168 乌蔹莓

葡萄科 乌蔹莓属 多年生蔓生草本

茎紫绿色，有纵棱，具卷须，幼枝有时有柔毛。掌状复叶，小叶5枚，稀为3或7，椭圆状卵形，中间小叶较大，两侧渐小对生，成对着生于同一叶柄上，排成鸟足状，各小叶有小叶柄，叶总柄长3～5cm；叶缘有圆钝锯齿，叶色上深下浅；卷须二分叉，相隔2节中断，与叶对生。伞房状二歧聚伞花序腋生或假顶生，花小，黄绿色，花瓣4，卵状三角形，花萼浅杯状，花盘橘红色4裂。浆果倒圆卵形，成熟时黑色，内有三角状倒椭圆形种子2～4粒。花期6月，果期8—9月。

全草或根可入药，有清热解毒、消肿活血的功效。

169 喜旱莲子草

苋科 莲子草属 多年生草本

茎基部匍匐，管状，有不明显4棱，长55～120cm，有分枝；幼茎及叶腋有白色或锈色柔毛，茎老时无毛，仅在两侧纵沟内保留。叶片长圆形或倒卵状披针形，顶端急尖或圆钝，有短尖，基部渐狭，全缘，两面无毛或正面有贴生毛及缘毛，叶背面有颗粒状突起；叶柄无毛或微有柔毛。花密生形成有总花梗的球形头状花序，直径8～15mm，单生于叶腋；苞片及小苞片白色，苞片卵形；花被片长圆形，白色，光亮，无毛。花期6—9月。

全草入药，有清热利水、凉血解毒的功效。

嫩茎叶可食用，也可作饲料。

170 小赤麻

荨麻科 苎麻属 半灌木

株高70～100cm，茎枝被柔毛，自基部分枝，呈丛生状。叶对生，宽卵形或菱状卵圆形，长4～6cm，宽1.5～3cm，先端长尾尖，基部宽楔形，表面有平伏毛，稍粗糙，背面仅脉上有毛，边缘有粗锯齿；叶柄长3～12cm，被星状细柔毛；托叶早落。花雌雄同株；雄花序生于下部叶腋，花小，淡绿色，花被片4，雄蕊4；雌花序生于上部叶腋，花粉红至粉白色，团伞花序集成穗状，长5～10cm。瘦果倒卵形，直径约2mm，长约1.2mm，分果爿15～20，被粗毛，顶端有长芒2；种子肾形，褐色，被星状柔毛。花、果期6—8月。

有清热利湿、解毒开窍的功效。

171 旋覆花

菊科 旋覆花属 多年生草本

别名金佛花、金佛草、六月菊。根状茎短，横走或斜升，有须根。茎单生，有时簇生，直立，高30～70cm，有时基部有不定根，有细沟，被长伏毛，或下部有时脱毛，上部有上升或开展的分枝，全部有叶。基部叶常较小，在花期枯萎；中部叶长圆形、长圆状披针形或披针形；上部叶渐狭小，线状披针形。头状花序，舌状花黄色，管状花花冠长约5mm，有三角披针形裂片；冠毛1层，白色，有20余个微糙毛。瘦果圆柱形，被疏短毛。花期6—10月，果期9—11月。

根及叶可治刀伤、疔毒，煎服可平喘、镇咳，花是健胃祛痰药。

172 鸭跖草

鸭跖草科 鸭跖草属 一年生草本

株高20～60cm，茎多分枝，基部匍匐并节上生根，上部向上升。单叶互生，叶形为披针形或卵状披针形，长4～9cm，宽1.5～2cm，叶无柄或近无柄。总苞片佛焰苞状，与叶对生，折叠状，展开后为心形，边缘常有硬毛；聚伞花序，下面一枝仅有花1朵，不孕，上面一枝有花3～4朵，几乎不伸出佛焰苞；花瓣深蓝色，内面2枚有爪，长近1cm。蒴果椭圆形，长5～7mm，2室，每室有种子2颗，种子表面有皱纹。花、果期6—10月。

为消肿利尿、清热解毒之良药，对睑腺炎、咽炎、扁桃腺炎、宫颈糜烂、腹蛇咬伤也有良好的疗效。

173 益母草

唇形科 益母草属 一年或二年生草本

茎直立，通常高30～120cm，钝四棱形，微具槽，有倒向糙伏毛。茎下部叶轮廓为卵形，掌状3全裂，叶脉稍下陷，背面淡绿色，被疏柔毛及腺点，腹面有槽；茎中部叶轮廓为菱形，较小，通常分裂成3个或偶有多个长圆状线形的裂片，基部狭楔形。花序最上部的苞叶近于无柄，线形或线状披针形，轮伞花序腋生，有花8～15朵，花萼管状钟形，花冠粉红至淡紫红色，外面于伸出萼筒部分被柔毛。小坚果长圆状三棱形，淡褐色，光滑。花期通常在6—9月，果期9—10月。

有活血、祛淤、调经、消水的功效。

174 掌叶半夏

天南星科 半夏属 多年生草本

别名虎掌、麻芋果、狗爪半夏等。块茎近圆球形，四旁常生若干小球茎。叶1～3或更多，叶柄淡绿色，长20～70cm，下部有鞘；叶片鸟足状分裂，裂片6～11，中裂片长15～18cm，宽3cm，两侧裂片依次渐短小。花序柄长20～50cm，直立；佛焰苞淡绿色，管部长圆形，向下渐收缩；檐部长披针形，锐尖；肉穗花序，雌花序长1. 5～3cm；雄花序长5～7mm；附属器黄绿色，细线形，长10cm，直立或略呈“S”形弯曲。浆果卵圆形，绿色或黄白色，小，藏于宿存的佛焰苞管部内。花期6—7月，果期9～11月。

块茎供药用，在我国医药学中有悠久的历史。

175 栀子花

茜草科 栀子属 常绿灌木

从枝状，株高0.3～3m，枝圆柱形，幼枝绿色，有垢状毛。叶对生，革质，长椭圆形或倒卵状披针形，顶端渐尖，基部宽楔形，正面亮绿，背面色较暗。花大，白色，芳香，单生于枝顶或叶腋，花萼5～7裂，裂片线形，长1～2cm；花冠筒长2～3cm，裂片5枚或较多。果卵形或长圆形，黄色或橙红色，革质或带肉质，顶端带宿存的萼裂片；种子多数，扁，近圆形而稍有棱角，长约3.5mm，宽约3mm。花期6—8月，果期9—11月。

花、果实、叶和根可入药，有泻火除烦、清热利尿、凉血解毒的功效。花可做茶之香料。

176 紫珠

马鞭草科 紫珠属 落叶灌木

株高约2m，小枝纤细，有不明显的皮孔，叶柄、花序均被粗糠状星状毛。叶片卵状长椭圆形或椭圆形，长4～10cm，宽1.5～3cm，顶端长渐尖至短尖，基部楔形，边缘有细锯齿，叶两面仅脉上密被星状柔毛，背面密生暗红色或红色细粒状腺点。聚伞花序纤细，3～4次分歧，花序梗稍长于叶柄或近等长；花萼萼齿不明显，花冠淡紫色，均被有星状柔毛和暗红色腺点。果实球形，熟时紫色，径约2mm。花期6—7月，果期8—11月。花、果皆可供观赏。

根、叶入药；根可治目红、发热、瘙痒；叶可治吐血、咯血、便血、创伤出血等。

下编

秋冬不寂寞

177 美洲商陆

商陆科 商陆属 多年生草本

株高1～2m，块根肥厚，肉质，圆锥形；茎直立或披散，圆柱形，紫红色。叶大，长椭圆形或卵状椭圆形，长15～30cm，宽3～10cm，质柔嫩。总状花序直立，顶生或侧生，长约15cm；花白色，微带红晕，花被片通常5，卵圆形；雄蕊10，花药淡红色；心皮10，离生。果穗下垂，浆果扁球形，多汁液，熟时紫黑色；种子平滑，黑色，有光泽。夏秋季开花。常用于庭园栽培观赏。

全株有毒，根及果实毒性最强，因根茎酷似人参，
常被误作人参服用，须引起警惕。干燥根入药，
外用可治无名肿毒等。果实和叶子也可作天然染料。

178 豨莶

菊科 豨莶属 一年生草本

别名虾柑草、黏糊菜。茎直立，高约30～100cm，分枝斜生，上部的分枝常成复二歧状；全部分枝被灰白色短柔毛。基部叶花期枯萎；中部叶三角状卵圆形或卵状披针形，边缘有规则的浅裂或粗齿，纸质，正面绿色，背面淡绿，有腺点，两面被毛，三出基脉，侧脉及网脉明显；上部叶渐小，卵状长圆形，边缘浅波状或全缘，近无柄。头状花序，花黄色。瘦果倒卵圆形，有4棱，顶端有灰褐色环状突起。花、果期夏秋季。

全草供药用，有解毒、镇痛的功效，可治全身酸痛、四肢麻痹，并有平、降血压的作用。

179 白英

茄科 茄属 草质藤本

长0. 5～2. 5m，茎、小枝及叶均密生有节的长柔毛。叶互生，多数为琴形，基部常3～5深裂，裂片全缘；侧裂片顶端圆钝或短尖，中裂片较大，卵形，两面均被白色发亮的长柔毛；叶柄长约1～3cm。聚伞花序顶生或腋外生，疏花，总花梗长约2～2. 5cm，花梗长0. 8～1. 5cm，无毛，顶端稍膨大，基部有关节；花冠蓝紫色或白色，直径约1. 1cm，花冠筒隐于萼内，长约1mm。浆果球状，成熟时红黑色，直径约8mm；种子近盘状，扁平，直径约1. 5mm。花期7—9月，果期10—11月。喜温暖湿润，耐旱、耐寒、怕水涝。

全草药用，具有清热利湿、解毒消肿的功效。

180 丁香蓼

柳叶菜科 丁香蓼属 一年生草本

别名小石榴树、小疔药。直立草本，茎高25～60cm，粗2.5～4.5mm，下部圆柱状，上部四棱形，常淡红色，近无毛，多分枝，小枝近水平开展。叶狭椭圆形，先端锐尖或稍钝，基部狭楔形，在下部骤变窄，两面近无毛或幼时脉上疏生微柔毛；叶柄长5～18mm，稍有翅；托叶几乎全退化。花瓣黄色，匙形，长1.2～2mm，宽0.4～0.8mm，先端近圆形，基部楔形。蒴果四棱形，淡褐色，无毛，熟时迅速不规则室背开裂；种子卵状，呈一列横卧于每室内。花期7—8月。

丁香蓼全草入药，具有清热解毒、利尿通淋、化瘀止血的功效。

181 短毛金线草

蓼科 金线草属 多年生草本

株高50～100cm，地上茎直立，分枝，节红色，疏生粗伏毛；根状茎粗壮。叶片长椭圆形或椭圆形，长7～15cm，宽4～9cm，顶端长渐尖或急尖，基部楔形，全缘，两面均疏生短粗糙伏毛；托叶鞘筒状，褐色，有伏生粗糙毛。花疏生，成顶生或腋生的长穗状花序；苞片膜质，有睫毛；花被4深裂，红色，花被片卵形。瘦果卵状扁圆形，双凸镜状，深褐色，有光泽，长约3mm，包于宿存花被内。花期7—8月，果期9—10月。

根、茎入药，有止血、除湿、散瘀、止痛的功效；
全草入药，能抗菌消炎、止血散瘀。

182 饭包草

鸭跖草科 鸭跖草属 多年生草本

别名火柴头、竹叶菜、卵叶鸭跖草等。茎大部分匍匐，节上生根，上部及分枝上部上升，长可达70cm，被疏柔毛。叶有明显的叶柄，叶片卵形，顶端钝或急尖，近无毛；叶鞘口沿有疏而长的睫毛。总苞片漏斗状，与叶对生，常数个集于枝顶，下部边缘合生，被疏毛，顶端短急尖或钝，柄极短；花序下面一枝有细长梗，有1～3朵不孕的花，伸出佛焰苞，上面一枝有花数朵，结实，不伸出佛焰苞；花瓣蓝色，圆形，长3～5mm，内面2枚有长爪。蒴果椭圆状，种子黑色。花、果期7—10月。

药用有清热解毒、消肿利尿的功效。

183 凤眼蓝

雨久花科 凤眼蓝属 浮水草本

别称凤眼莲，也称水葫芦。茎极短，节上生根，须根发达，棕黑色；匍匐枝淡绿色。叶在基部丛生，莲座状排列；叶片卵形、倒卵形或肾圆形，光滑，表面深绿色；叶柄长短不等，内有许多多边形柱状细胞组成的气室，叶柄基部略带紫红色，并有鞘状黄绿色苞片和膨大呈葫芦状的气囊。花茎单生，中部有鞘状苞片；穗状花序通常有花6～12朵；花被6裂，紫蓝色，花冠四周淡紫红色，中间的裂片较大，在蓝色的中央有1鲜黄色圆斑。蒴果卵形。花期7—10月，果期8—11月。

有清热解暑、利尿消肿、祛风湿的功效。

184 华鼠尾草

唇形科 鼠尾草属 一年生草本

茎直立或基部倾卧，高20～70cm，钝四棱形具槽，被短柔毛或长柔毛。叶全部为单叶或下部为三出复叶，疏被长柔毛；叶片卵圆形或卵圆状椭圆形，长1. 3～7cm，宽0. 8～4. 5cm，边缘有圆齿或钝锯齿，两面有短柔毛；顶生小叶片较大。轮伞花序6花组成顶生的总状花序或总状圆锥花序；花萼钟形，紫色；花冠蓝紫或紫色，伸出花萼，外被短柔毛；冠檐2唇形，上唇长圆形，下唇3裂，中裂片倒心形，侧裂片半圆形，直立。小坚果椭圆状卵圆形，褐色。花期7—8月，果期9—10月。

全草入药，能活血化瘀、清热利湿、散结消肿。

185 萝藦

萝藦科 萝藦属 多年生缠绕草本

全株富含乳汁。地下有根状茎横走，黄白色。地上茎缠绕，可达2m以上，幼枝密被短柔毛。叶对生，卵状心形，长5～10cm，宽3～6cm，叶背面粉绿或灰绿色，无毛；叶柄长2～5cm，顶端有丛生腺体。总状聚伞花序腋生，花蕾圆锥状，花萼有柔毛；花冠近辐状，白色有淡紫红色斑纹，5裂，裂片顶端反折，内面被柔毛；副花冠环状，5浅裂，生于合蕊冠上。蓇葖果单生，长角状纺锤形；种子褐色，顶端有白色种毛。花期7—8月，果期9—12月。

果实可治劳伤，根可治跌打、蛇咬，
茎、叶可治小儿疳积等症。

186 葎草

桑科 葎草属 一年生或多年生缠绕草本

匍匐缠绕，茎、枝、叶柄均有倒生皮刺。叶纸质，为掌状复叶，直径7～10cm, 掌状深裂，裂片5～7，基部心形，两面疏生糙伏毛，背面有柔毛和黄色腺体，叶缘有粗锯齿；叶柄长约10cm。花雌雄异株，圆锥花序，长15～25cm，雄花小，淡黄色，花被和雄蕊各5；雌花排列成近圆形的穗状花序，径约5mm，每2朵花有1卵形苞片，纸质，三角形，有白色绒毛和黄色小腺点。瘦果淡黄色，扁圆形。雌雄株花期不一致，雄株7月下旬开花，雌株在8月中旬开花，9月下旬种子成熟。

全草入药，有清热解毒、凉血的功效。

187 马兜铃

马兜铃科 马兜铃属 多年生缠绕草本

全株无毛，茎柔弱，缠绕生长，基部木质化。根细长，在土下延伸，到处生苗。叶互生，卵状三角形、长圆状卵形或戟形，先端钝圆或短渐尖，基部心形，基出脉5～7条。花单生或2朵聚生于叶腋；花被基部膨大呈球形，向上收狭成一长管，管口扩大成漏斗状，黄绿色，口部有紫斑，内面有腺体状毛。蒴果近球形，有6棱；种子扁平钝三角形，边线有白色膜质宽翅。花期7—9月，果期9—10月。

果实有清肺降气、止咳平喘、清肠消痔的功效，茎能理气、祛湿、活血止痛，根可行气止痛、解毒消肿。

188 绵枣儿

百合科 绵枣儿属 多年生草本

鳞茎卵圆形或卵状椭圆形、近球形，径1～2cm，有黏液，外皮黑褐色。基生叶线形或倒披针状线形，长10～30cm，宽3～6mm，通常2～5枚，柔软。花葶高15～60cm，通常比叶长；总状花序，有多数花；基部苞片膜质，线形；花紫红色、粉红色至白色；花被片近椭圆形、倒卵形或狭椭圆形，基部稍合生而成盘状。蒴果近倒卵形，直立，长约5mm；种子1～3颗，黑色，狭倒卵形。花、果期7—11月。

鳞茎富含淀粉，可蒸食或作酿酒原料。鳞茎或全草鲜用晒干，有活血止痛、解毒消肿、强心利尿的功效；也可防治菜青虫、棉蚜虫等。

189 牵牛

旋花科 牵牛属 一年生草本

全株有刺毛；茎细长，缠绕，多分枝，被短柔毛及长硬毛。叶宽卵形或近圆形，通常3裂至中部，偶5裂，中间裂片长卵圆形而渐尖，两侧裂片底部宽圆，掌状叶脉，叶面或疏或密被微硬的柔毛。花序有花1～3朵，着生于叶腋，花冠漏斗形，蓝紫色或紫红色，冠管色淡，基部近白色；苞片2，细长；萼片狭披针形，外面有毛。蒴果近球形，3瓣裂；种子5～6颗，卵状三棱形，黑褐色或米黄色，被褐色短绒毛。花、果期7—9月。适应性强。

种子入药，有泻水利尿、逐痰、杀虫的功效，可治水肿喘满，虫积食滞，大便秘结。

190 求米草

禾本科 求米草属 多年生草本

秆纤细，基部平卧地面，节处生根，直立部分高30～50cm。叶鞘密被有疣基的刺毛，或仅边缘有纤毛；叶舌膜质，短小，长约1mm；叶片披针形或卵状披针形，通常皱而不平，有横脉，长2～8cm，宽5～18mm，通常有细毛或疣毛，顶端尖，基部略圆稍不对称。圆锥花序，主轴无毛或密生疣基长刺柔毛，小穗长3. 5～4mm，有微毛或近无毛；颖果，第1颖有3脉，长约为小穗的一半，顶端有长7～13mm的直芒；第2颖有5脉，较长于第1颖，顶端有长2～5mm的直芒；第1小花的外稃革质。花、果期7—11月。

优良牧草，也是优良的保土植物。

191 三脉紫菀

菊科 紫菀属 多年生草本

株高50～100cm，地上茎直立，上部稍分枝，基部光滑或有毛，有时略带红色；根状茎粗壮。叶纸质，离基三出脉，侧脉3～4对，两面被毛；下部叶宽卵圆形，基部急狭成长柄；中部叶椭圆形或长圆状披针形，中部以上急狭成楔形具宽翅的柄，边缘有3～7对浅或深锯齿；上部叶渐小，有浅齿或全缘。头状花序排列成伞房或圆锥伞房状，舌状花10余个，舌片线状长圆形，紫色、浅红色或白色；管状花数多，黄色。瘦果倒卵状长圆形，灰褐色，有边肋，被短粗毛。花期7—10月。

根或全草入药，能清热解毒、利尿止血。

192 下田菊

菊科 下田菊属 一年生草本

茎直立坚硬，单生，高30～100cm。基部叶较小，花时凋落；中部较大，叶卵圆形或卵状椭圆形，长4～20cm，宽3～12cm，顶端尖或圆钝，基部圆楔形或楔形，边缘有圆锯齿或锯齿；叶柄长1～6cm。头状花序小，白色，直径7～10mm，在枝顶排列成松散伞房状或伞房圆锥状花序；总苞片狭椭圆形，长约5mm，边缘膜质，基部联合。瘦果倒卵形，长约4mm，有腺点或细瘤，熟时黑褐色；冠毛4，棍棒状，长约1mm，基部联合成环。花、果期7—10月。

全草药用，有清热利湿、解毒消肿的功效，可治风湿关节痛、急性黄疸型传染性肝炎、感冒高热等。

193 野葛

豆科 葛属 缠绕藤本

别名葛藤、葛根。全株有黄色长硬毛。块根肥厚；枝纤细，灰褐色，微具棱，疏生褐色硬毛。羽状3出复叶，小叶3，表面绿色，背面灰白色，均被短柔毛；顶生小叶菱状卵形，3浅裂；侧小叶斜广卵形，有时稍2浅裂；托叶2，盾形。总状花序腋生，花密生；花冠紫色，旗瓣近圆形，基部内侧有2个耳和短爪；翼瓣长圆形，龙骨瓣倒卵状长圆形，基部均有弯耳和长爪。荚果长圆形，扁平，密被黄褐色长硬毛。花期7—8月，果期9—10月。

以块根入药，故名葛根，有解肌退热、透疹、生津止渴、升阳止泻的功效。

194 野茼蒿

菊科 野茼蒿属 一年生草本

株高20～120cm，茎直立，有纵条棱。叶膜质无毛，椭圆形或长圆状椭圆形，长7～12cm，宽4～5cm，顶端渐尖，基部楔形，边缘有不规则锯齿或重锯齿，或有时基部羽状裂，两面无毛或近无毛；叶柄长2～2. 5cm。头状花序数个在茎端排成伞房状，直径约3cm，总苞钟状，长1～1. 2cm，基部楔形，有数枚不等长的线形小苞片；小花全部管状，两性，花冠红褐色或橙红色。瘦果狭圆柱形，赤红色，被毛；冠毛极多，白色，绢毛状，易脱落。花、果期7—12月。

全草入药，有健脾、消肿的功效，可治消化不良、脾虚浮肿等症。嫩叶是一种味美的野菜。

195 一点红

菊科 一点红属 一年生草本

茎直立或斜升，高10～40cm，有纵纹，灰绿色，通常自基部分枝，无毛或疏生毛。叶质较厚，通常无柄而稍抱茎；顶生裂片大，宽卵状三角形，有不规则的齿；侧生裂片通常1对，长圆形或长圆状披针形，有波状齿，正面深绿色、背面常变紫红色，两面被短卷毛。头状花序直径10～14mm，在开花前下垂，花后直立；小花粉红色或紫色，长约9mm，管部细长，檐部渐扩大。瘦果圆柱形，有5棱；冠毛丰富，白色，细软。花、果期7—10月。适应性强。

嫩梢、嫩叶可炒食或汤食，质地爽脆。全草可入药，有清热解毒、散瘀消肿的功效。

196 阴行草

玄参科 阴行草属 一年生草本植物

茎直立，密被锈色短毛，株高30～60cm，少数可达80cm，上部分枝。叶对生，厚纸质，有翼状短柄，上部叶近互生，三角形，羽状深裂，裂片约3对，线状披针形或广卵形，基部下延，两面皆密被短毛。花腋生于茎枝上部，或假对生密集枝端构成穗形总状花序；花萼筒部长12～15mm，有脉10条；花冠黄色，有时上唇紫红色，外面密被长纤毛，内面被短毛。蒴果包于萼内，狭长圆形，与萼等长；种子长卵圆形，黑色，有皱纹。花期7—8月，果期9—10月。

全草入药，具有清热利湿、凉血止血、祛瘀止痛的功效。

197 蝇子草

石竹科 蝇子草属 多年生草本

全株被柔毛，高50～150cm，茎单生，直立或上升，多分枝，被短柔毛和腺毛，节膨大。基生叶长圆状匙形或披针形；茎生叶线状披针形，长1.5～3cm，宽3～8mm，顶端圆或钝，有时急尖，两面被柔毛和腺毛。聚伞花序顶生，总花梗上部有黏质；萼筒细长，棒形，光滑，有10条纵脉，顶端5裂，常带紫红色；花瓣5，淡红色或白色，爪状倒披针形，顶端2深裂，边缘有不整齐细裂。蒴果卵形，长约1.5cm，顶端6齿裂；种子有瘤状突起，暗褐色。花期7—9月，果期9—10月。

全株入药，有清热利湿、活血解毒的功效。

198 毡毛紫菀

菊科 紫菀属 多年生草本

茎高约50cm，中部有细沟，被短毡毛；上部被较长的白色毡毛。叶纸质，离基三出脉，正面稍有光泽，背面灰绿色，被极密的灰白色短毡毛；中部叶长圆披针形，长4～7.5cm，宽0.9～1.6cm，顶端渐尖，有细尖头或镰状渐尖，全缘；上部叶卵圆形，长1.5～2.5cm，宽0.5～0.8cm；顶部叶极小，顶端钝或尖。头状花序2～3个生于枝端，有短梗。总苞近圆锥形，长约4～5mm；总苞片4～5层，覆瓦状排列，外层卵圆形，长1.5mm，被密毡毛；舌花未完全发育；管状花花冠上端有腺点，冠毛污白色。花、果期7—10月。

全草入药，润气下肺、化痰止咳。

199 直立委陵菜

蔷薇科 委陵菜属 多年生草本

茎直立，高30～40cm，全株被白色长柔毛。基生叶为5出掌状复叶，茎生叶为5～7出；叶柄向上逐渐缩短，最上部几乎无柄，被白色长柔毛；小叶片倒卵披针形，长2～5cm，宽0.5～1.5cm，顶端圆钝，基部渐狭呈楔形，边缘有缺刻状锯齿，齿端急尖或钝，两面均被白色伏生长柔毛；或脱落几乎无毛，沿脉较密；基生叶托叶膜质，淡褐色，茎生叶托叶草质，绿色。伞房状聚伞花序顶生，花瓣黄色，倒卵椭圆形，顶端微凹或近圆钝，与萼片近等长。瘦果有脉纹。花、果期7—8月。

根茎药用，具有收敛、止血的作用。

200 薄荷

唇形科 薄荷属 多年生草本

别名夜息香、野仁丹草、见肿消等。茎直立，高30～60cm，下部数节有纤细的须根及水平匍匐根状茎，茎四棱形，有四槽，多分枝。叶片长圆状披针形、披针形、椭圆形，先端锐尖，边缘在基部以上疏生粗大的牙齿状锯齿。轮伞花序腋生，花梗纤细，长2. 5mm，被微柔毛或近于无毛；花萼管状钟形，花冠淡紫，外面略被微柔毛，上裂片先端2裂，较大，其余3裂片近等大，长圆形，先端钝。小坚果卵珠形，黄褐色。花、果期8—11月。

 幼嫩茎尖可作菜食，全草入药，可治感冒发热、喉痛、头痛、目赤痛等。

201 耳叶牛皮消

萝藦科 鹅绒藤属 蔓性半灌木

别名隔山消、牛皮冻、七股莲等。宿根肥厚，呈块状。茎圆形，被微柔毛。叶对生，膜质，被微毛，宽卵形或卵状长圆形，长4～12cm，宽4～10cm，顶端短渐尖，基部心形。聚伞花序伞房状，腋生，着花可达30朵；花萼裂片卵状长圆形；花冠白色，辐状，裂片反折，内面有疏柔毛；副花冠浅杯状，裂片椭圆形，肉质，钝头，在每裂片内面的中部有1个三角形的舌状鳞片。种子卵状椭圆形，种毛白色、绢质。花期8—9月，果期10—11月。

块根药用，具有养阴清热、润肺止咳的功效，
可治神经衰弱、胃溃疡、肾炎、水肿等。

202 伏毛蓼

蓼科 蓼属 一年生草本

株高60～90cm，茎直立，疏生短硬伏毛，带红色，中上部多分枝，节部明显膨大。叶卵状披针形或宽披针形，长5～10cm，宽1～2. 5cm，顶端渐尖或急尖，基部宽楔形，正面绿色，中部有黑褐色斑点，两面密被短硬伏毛，边缘有缘毛；叶柄稍粗壮，长4～7mm，密生硬伏毛；托叶鞘筒状，膜质，长1～1. 5cm，有硬伏毛，顶端截形，有粗壮的长缘毛。总状花序呈穗状，顶生或腋生，花稀疏；花被5深裂，绿色，上部红色，密生淡紫色透明腺点，花被片椭圆形。瘦果卵形，有3棱，黑色，密生小凹点。花期8—9月，果期8—10月。

203 高粱泡

蔷薇科 悬钩子属 半常绿蔓生灌木

别名高粱藨。茎有棱，疏生皮刺，枝幼时有细柔毛或近无毛，有微弯小皮刺。单叶宽卵形，稀长圆状卵形，长6～11cm，宽4～10cm，顶端渐尖，基部心形，两面均被疏柔毛，中脉上常疏生小皮刺，边缘明显3～5裂或呈波状，有细锯齿；叶柄散生小皮刺。圆锥花序顶生，有时数朵花簇生于叶腋；萼片卵状三角形，顶端长尖，外面边缘和内面均被白色短柔毛；花瓣倒卵形，白色，无毛。聚合核果近球形，直径约6～8mm，熟时红色。花期8—9月，果期10—11月。

果实熟后可食用及酿酒；

根、叶供药用，有清热散瘀、止血的功效。

204 格药柃

山茶科 柃（木）属 常绿灌木

株高1～7m，嫩枝圆柱形，无毛。叶革质稍厚，长圆状椭圆形或椭圆形，长5～8cm，宽2～4cm，顶端渐尖，有微凹，基部楔形，边缘有浅钝锯齿，正面深绿色，有光泽，背面黄绿色或淡绿色。花白色或绿白色，1～5朵簇生叶腋，花瓣5，雄花长圆形或长圆状倒卵形，雌花卵状披针形。果实圆球形，成熟时紫黑色；种子肾圆形，稍扁，红褐色，有光泽，表面有密网纹。花期8—9月，果期10—11月。

冬季白色小花密集，具微香。浆果球形似珠，有光泽，为不可多得的观花、观果园林植物。树皮含鞣质，可提取烤胶；花是优良的蜜源。

205 枸杞

茄科 枸杞属 落叶灌木

分枝多，高0.5～1m，栽培时可达2m多；枝细长，淡灰色，常弯曲下垂，有纵条纹，有棘刺。叶纸质，单叶互生或2～4枚簇生，卵形或长椭圆形，顶端急尖，基部楔形。花在长枝上单生或双生于叶腋，在短枝上则同叶簇生。中华枸杞花萼通常3中裂或4～5齿裂，宁夏枸杞花萼通常为2中裂。花冠漏斗状，淡紫色，5深裂，裂片卵形。浆果红色，卵状，味甜；种子扁肾形，黄色。花期8—10月，果期10—11月。宜做盆景。

药食两用，嫩叶可作蔬菜，果实枸杞子可以加工成各种食品、饮料、保健酒、保健品等。

206 何首乌

蓼科 蓼属 多年生草本

别名多花蓼、紫乌藤、夜交藤。块根肥厚，长椭圆形，黑褐色。茎缠绕，长2～4m，多分枝，有纵棱，无毛，微粗糙，下部木质化。叶卵形或长卵形，顶端渐尖，基部心形或近心形，两面粗糙，边缘全缘；叶柄长1.5～3cm；托叶鞘膜质，偏斜，无毛，长3～5mm。花序圆锥状，顶生或腋生；花被5深裂，白色或淡绿色，花被片椭圆形，大小不等，外面3片较大，背部有翅，果时增大，花被果时外形近圆形。瘦果卵形，有3棱，长2.5～3mm，黑褐色，有光泽，包于宿存花被内。花期8—10月，果期10—11月。

块根入药，有安神、养血、活络的功效。

207 鸡矢藤

茜草科 鸡矢藤属 藤本

茎呈扁圆柱形，嫩茎黑褐色，断面纤维性，灰白色或浅绿色；老茎灰棕色，栓皮常脱落，有纵皱纹及叶柄断痕，断面灰黄色，基部木质化，揉碎有臭味。叶对生，形状和大小变异很大，宽卵形至披针形，表面无毛或沿叶脉有毛，背面有短柔毛；托叶早落。聚伞花序顶生或腋生，花冠钟状，淡紫色，上端5裂，镊合状排列，内面红紫色，被粉状柔毛。浆果球形，直径5～7mm，熟时光亮，淡黄色。花期8月，果期9—10月。

夏季采收全草，晒干入药，具有祛风利湿、止痛解毒、消食化积、活血消肿的功效。

208 九头狮子草

爵床科 观音草属 多年生草本

株高可达80cm，被灰白色毛。茎深绿色，四棱形，有浅槽，有膨起的节。叶对生，卵状长圆形，顶端渐尖或尾尖，基部楔形，全缘。花序顶生或生于上部叶腋，由2～8朵（少数可达10朵）组成聚伞花序；下有2枚总苞片，总苞片椭圆形或长椭圆形，长1～2.5cm，有毛；花冠粉红色至微紫色，外疏生短柔毛，为二唇形，下唇为3裂。蒴果长1～1.2cm，疏生短柔毛，开裂时胎座不弹起，上部有4粒种子，种子有小疣状突起。花、果期8—9月。

野生品四季可采，栽培品可夏、秋采收，全草入药，有发汗解表、清热解毒、镇痉的功效。

209 桔梗

桔梗科 桔梗属 多年生草本

株高40～120cm，根圆柱形，肉质。叶轮生或互生，卵形、卵状椭圆形或披针形，长4～7cm，宽1.5～3cm，正面无毛，绿色，背面常无毛而有白粉，叶缘有细锯齿。花顶生，集成假总状花序或圆锥花序；萼齿三角状披针形；花冠钟形，先端五裂，蓝色、紫色或白色。蒴果球状，或球状倒圆锥形，或倒卵状，直径约1cm。花期8—9月。广泛用于布置花坛、花境、点缀岩石园，或作切花、盆花观赏。

药食两用，鲜根、鲜叶可以凉拌、清炒，
腌制后可作为泡菜食用；
根晒干入药，具有宣肺、利咽、祛痰、排脓的功效。

210 爵床

爵床科 爵床属 一年生草本

别名六角、赤眼老母草、麦穗癀等。茎基部匍匐，通常有短硬毛，高20～50cm。叶椭圆形至椭圆状长圆形，长1.5～3.5cm，宽1.3～2cm，先端锐尖或钝，基部宽楔形或近圆形，两面常被短硬毛；叶柄短。穗状花序顶生或生于上部叶腋，长1～3cm，宽6～12mm；花冠粉红色或带紫红色，长7mm，2唇形，下唇3浅裂；花丝基部及着生处四周有细绒毛。蒴果线形，淡棕色，长约5mm，上部有4粒种子，下部实心似柄状。种子卵圆形，微扁，黑褐色，表面有瘤状皱纹。花、果期8—11月。

具有清热解毒、利尿消肿的功效，可治腰背痛、创伤等。

211 狼杷草

菊科 鬼针草属 一年生草本

别名鬼叉、鬼针、鬼刺等。茎高20～150cm，圆柱状或有钝棱而稍呈四方形。叶对生，下部的较小，不分裂，边缘有锯齿，常于花期枯萎，中部叶有柄，通常3～5深裂，顶生裂片较大，披针形或长椭圆状披针形，与侧生裂片边缘均有疏锯齿，上部叶较小，披针形，3裂或不分裂。头状花序单生茎端及枝端，无舌状花，全为筒状两性花，花冠长4～5mm，冠檐4裂。瘦果扁，楔形或倒卵状楔形，边缘有倒刺毛，顶端有芒刺。花、果期8—10月。

有清热解毒的功效，可治感冒、咽喉炎、肠炎等，外用可治疖肿等。

212 狼尾草

禾本科 狼尾草属 多年生草本

别名芮草、老鼠狼等。须根较粗壮。秆直立，丛生，高30～120cm，在花序下密生柔毛。叶鞘光滑，两侧压扁，主脉呈脊，叶舌有长约2.5mm纤毛；叶片线形，长10～80cm，宽3～8mm，先端长渐尖，基部生疣毛。圆锥花序直立，长5～25cm，宽1.5～3.5cm；主轴密生柔毛；总梗长2～3mm（少数可达5mm）；刚毛粗糙，淡绿色或紫色，长1.5～3cm；小穗通常单生，偶有双生，线状披针形，长5～8mm。颖果长圆形，长约3.5mm。花、果期8—10月。需肥较多，与农作物争夺水、肥、光能。

全草及根入药，性味甘平，具有明目、散血、清肺止咳、解毒的功效。

213 马松子

梧桐科 马松子属 半灌木状草本

别名野路葵。高不及1m；枝黄褐色，略被星状短柔毛。叶薄纸质，卵形、长圆状卵形或披针形，稀有不明显的3浅裂，长2.5～7cm，宽1～1.3cm，顶端急尖或钝，基部圆形或心形，边缘有锯齿，正面近于无毛，背面略被星状短柔毛，基生脉5条。花排成顶生或腋生的密聚伞花序或团伞花序；小苞片条形，混生在花序内；萼钟状，5浅裂，裂片三角；花瓣5片，白色，后变为淡红色。蒴果圆球形，有5棱；种子卵圆形，略成三角状，褐黑色。花期8—9月。

本种的茎皮纤维多，可与黄麻混纺以制麻袋。

214 木芙蓉

锦葵科 木槿属 落叶灌木

株高2～5m，全株密被星状毛与细绵毛。叶大，宽卵形至圆卵形或心形，直径7～15cm，常5～7掌状分裂，先端渐尖，边缘有钝圆锯齿，下面密被星状细绒毛；叶柄长5～13cm。花大，直径约8cm，单生枝端叶腋间，单瓣或重瓣，初开时白色或淡红色，后变深红色，花瓣近圆形，外面被毛，基部有髯毛；花柄长5～10cm，近顶端有节；花萼钟形，裂片卵形。蒴果扁球形，直径2.5～3cm，果瓣5，密生淡黄色刚毛和绵毛；种子肾形，背面被长柔毛。花、果期8—10月。对SO_2、Cl_2与HCl均有抗性。

花、叶、根可入药，有清热解毒、消肿排脓、凉血止血的功效。

215 女萎

毛茛科 铁线莲属 落叶攀缘藤本

茎近方形，紫色。小枝、花序、小苞片被有较密白色短柔毛。3出复叶对生，小叶卵形至宽卵形，长2～6.5cm，宽2.5～5cm，顶生小叶片较两侧的大，中间叶上部通常有不明显的3浅裂，基部圆形，先端尖，两侧叶缘中部以上有2～3缺刻状钝齿，中部以下全缘，所有小叶上下两面被伏短白毛；叶柄细长。圆锥状聚伞花序多花；花白色，径约2cm；萼片4，外面密被毛，内面无毛；雄蕊多数，花药较花丝短，黄色；心皮多数，花柱有长白毛。瘦果狭斜卵形，长约5mm。花期8—9月，果期10月。

有消炎去肿、利尿通乳的功效。

216 婆婆针

菊科 鬼针草属 一年生草本

别名鬼针草、刺针草。茎直立，高30～120cm，下部略具四棱，无毛或上部被稀疏柔毛。叶对生，有柄，2回羽状分裂，顶生裂片狭，先端渐尖，边缘有稀疏不规整的粗齿，两面均被疏柔毛。头状花序，舌状花通常1～3朵，不育，舌片黄色，椭圆形或倒卵状披针形，盘花筒状，黄色。瘦果条形，略扁，有3～4棱，有瘤状突起及小刚毛，顶端芒刺3～4枚，极少数2枚，长3～4mm，有倒刺毛。花期8—9月，果期9—11月。

全草入药，有清热解毒、散瘀活血的功效，可治咽喉肿痛、风湿关节疼痛等，外用治疮疖、跌打肿痛等。

217 石蒜（曼珠沙华）

石蒜科 石蒜属 多年生草本

也称龙爪花、蟑螂花。鳞茎宽椭圆形或近球形，外包暗褐色膜质鳞被，夏季休眠，停止生长。叶细带状，自基部抽生，深绿色，中间有粉绿色带，发于秋末，枯黄于夏初。叶枯萎后花茎即抽出，高30～60cm，伞形花序顶生，通常具小花4～6朵，红色，花瓣倒披针形，向后开展卷曲，边缘呈皱波状，花被管极短。蒴果背裂，种子多数。花期约8月底，先花后叶，花、叶永不相逢。

鳞茎有毒，但也能入药，有催吐、祛痰、消肿、止痛、解毒的功效；对中枢神经系统也有明显影响，可用于镇静、抑制药物代谢及抗癌。

218 苏州荠苎

唇形科 石荠苎属 一年生草本

植株矮小，茎高18～37cm，纤细多分枝，茎、枝均四棱形，被疏短柔毛。叶线形、线状披针形或披针形，长1.5～4cm，宽2～6mm，边缘有细锯齿但近基部全缘，正面榄绿色，背面略淡，中脉1条，被极疏短硬毛，满布深凹腺点。顶生总状花序长2～10cm，疏花；花萼钟形，萼齿5，果熟时花萼增大，基部前方呈囊状；花冠紫色，长6～7mm，外面被微柔毛，冠檐2唇形，上唇直立，微凹，下唇3裂，中裂片较大。小坚果球形，褐色或黑褐色，有网纹。花、果期8—10月。

地上部分可入药，能解表理气、解毒消炎、利尿镇痛。

219 田麻

椴树科 田麻属 一年生草本

株高40～60cm，嫩枝和茎上有星芒状短柔毛。叶卵形或狭卵形，长2.5～6cm，宽1～3cm，边缘有钝牙齿，两面密生星芒状短柔毛；基出脉3；叶柄长0.2～2.3cm；托叶钻形，长2～4mm，后脱落。花黄色，有细长梗；萼片狭披针形，长约5mm；花瓣倒卵形；能育雄蕊15，每3个成1束；不育雄蕊5，与萼片对生，匙状线形，长约1cm；子房密生星芒状短柔毛，花柱单一，长1cm。蒴果圆筒形，长1.7～3cm，有星芒状柔毛；种子长卵形。花期8—9月，果期10月。

全草入药，具有清热利湿、解毒止血的功效。

茎皮纤维可代麻，可做成绳索或麻袋。

220 野大豆

豆科 大豆属 一年生缠绕草本

茎细瘦，全株疏被黄色伏贴的毛。复叶3小叶，顶生小叶卵圆形或卵状披针形，长1～5cm，宽1～2.5cm，顶端急尖，基部圆形，两面有白色短柔毛；侧生小叶斜卵状披针形，全缘，两面均被绢状的糙伏毛。蝶形花冠淡红紫色或白色，旗瓣近圆形，先端微凹；翼瓣斜倒卵形，有明显的耳，龙骨瓣比旗瓣及翼瓣短小，密被长毛。荚果长圆形，密被长硬毛；种子2～3颗，椭圆形，稍扁，褐色或黑色。花、果期8—9月。可栽作牧草、绿肥和水土保持植物。

 茎皮纤维可织麻袋。全草还可药用，有补气血、强壮、利尿等功效。

221 紫苏

唇形科 紫苏属 一年生草本

株高60～90cm，具有特异的芳香。茎绿色或紫色，钝四棱形有四槽，密被长柔毛。叶膜质或草质，阔卵形或圆形，长5～9.5cm，宽2～8cm，边缘在基部以上有粗锯齿，两面绿色或紫色，或仅背面紫色，两面皆被柔毛。花冠白色至紫红色，冠筒短，喉部斜钟形。小坚果近球形，灰褐色，有网纹。花期8—11月，果期8—12月。

嫩叶可生食、做汤、制茶，茎叶可腌渍。
叶（苏叶）有解表散寒、行气和胃的功效；
种子（苏子）有镇咳平喘、祛痰的功效。
全草可蒸馏出紫苏油，种子可压榨出苏子油，
长期食用对治疗冠心病及高血脂有明显疗效。

222 海州香薷

唇形科 香薷属 一年生草本

株高20～40cm，茎直立，常带紫红色，被2列卷曲的短柔毛。叶线状披针形至披针形，长1～6cm，宽3～10mm，正面绿色，疏被小纤毛，背面有凹陷腺点；叶柄长1～10mm。假穗状花序顶生，偏向一侧；苞片近圆形或阔卵圆形，顶端有短尖头，边缘有白毛，背面带紫色，无毛；花萼三角形，长2～2.5mm，齿5，顶端刺芒状，外面及边缘有白毛；花冠玫瑰紫色，长6～7mm，外面密被柔毛，内面有毛环；上唇直立，顶端微凹，下唇3裂，中间裂片最大，圆形。小坚果近卵圆形，黑棕色，有小疣。花、果期9—10月。

全草入药，有发表解暑、化湿行水的功效。

223 加拿大一枝黄花

菊科 一枝黄花属 多年生草本

有发达的根状茎，地上茎直立粗壮，分枝少，高可达20～300cm，基部略带红紫色。叶互生，卵圆形、披针形或线状披针形，长4～10cm，宽1.5～4cm，顶端渐尖，边缘有锐锯齿，离基三出平行脉，正面手感粗糙；基部叶柄较长，逐渐向上短缩至无叶柄；叶片渐小，近全缘。头状花序着生于花序分枝的一侧，呈蝎尾状聚伞花序；总苞片3层，舌状花约8朵，雌性；花冠黄色。瘦果圆筒状，有棱，有细柔毛。花、果期9—11月。

常用于插花中的配花。我国引入后逸生成恶性杂草，
被列入中国重要外来有害植物名录。

224 龙葵

茄科 茄属 一年生草本

株高30～100cm，茎绿色或紫色，直立，多分枝。叶卵形，长2.5～10cm，宽1.5～3cm，先端短尖，基部楔形至阔楔形而下延至叶柄，全缘或有不规则波状粗齿，光滑或两面均被稀疏短柔毛。花序为短蝎尾状或近伞状，有花4～10朵，侧生或腋外生；花冠白色，筒部隐于萼内，细小，长不及1mm，冠檐长约2.5mm，5深裂，裂片卵圆状三角形。浆果球形，直径约8mm，熟时黑色；种子多数，扁圆形，直径约1.5～2mm。花、果期9—10月。

全株含龙葵碱，入药可散瘀消肿、清热解毒。
果实含有一定的碱性和毒性。龙葵石灰合剂可杀棉蚜虫。

225 铁马鞭

豆科 胡枝子属 半灌木

株高60～80cm，全株密被长柔毛。茎细长，平卧匍匐地面，少分枝。3出羽状复叶，小叶宽倒卵形或倒卵圆形，顶端圆或截形，有小短尖；顶生小叶较大，长1～3.5cm，宽0.3～2cm，两面密被白色粗毛。总状花序腋生，总花梗和花梗极短；花萼密被长毛，5深裂，裂片披针形，有白色粗毛；花冠黄白色或白色，旗瓣椭圆形，基部有紫色斑点，翼瓣比旗瓣、龙骨瓣短；无瓣花簇生叶腋。荚果广卵形，凸镜状，两面密被长毛，先端有尖喙。花、果期9—11月。

全草带根入药，有益气安神、活血止痛、利尿消肿、解毒散结的功效。

226 陀螺紫菀

菊科 紫菀属 多年生草本

茎直立，高50～100cm，基部多带紫红色，有纵棱条，疏生糙或长粗毛。叶片卵圆形或卵圆披针形，有疏齿，顶端尖，基部截形或圆形，有宽翅的叶柄，密生于植株下部；中部叶无柄，长圆或椭圆披针形，有浅齿，基部有抱茎的圆形小耳；上部叶最小，卵圆形或披针形；全部叶厚纸质，离基3出脉，两面被短糙毛。头状花序单生或2～3个簇生上部叶腋，舌状花20余个，蓝紫色；管状花多数，黄色。瘦果倒卵状长圆形，两面有肋，被密粗毛。花、果期9—11月。

全草晒干入药，具有清热解毒、止痒、止痢的功效。

227 线叶蓟

菊科 蓟属 多年生草本

茎直立，上部分枝，高50～100cm，有白色蛛丝状毛或细软毛。基部叶有柄，花时不凋落，倒披针形或倒卵状椭圆形，长15～30cm，表面绿色，疏生长毛，边缘羽状分裂，裂片边缘有刺；中部叶近无柄，长椭圆状披针形，上面粗糙，下面有稀疏白色蛛丝状毛，边缘不规则浅裂或不裂，并有长短不等的尖刺；上部叶渐小，线状披针形；基部叶于花后凋落。头状花序顶生，总苞圆球形，紫红色；花全部为管状花，紫红色。瘦果倒金字塔状，冠毛浅褐色。花期9—10月，果期10—11月。

根或全草入药，具有活血散瘀、解毒消肿的功效。

228 杏叶沙参

桔梗科 沙参属 多年生草本

茎高50～90cm，不分枝，常被短硬毛或长柔毛。肉质根圆柱形，胡萝卜状，长达30cm。茎生叶互生，无柄或近无柄，叶片狭卵形、菱状狭卵形或长圆状狭卵形，长3～8cm，宽1～4cm，顶端渐尖或急尖，基部楔形或宽楔形，边缘有不整齐的锯齿。总状花序狭长，花萼有短毛，裂片5；花冠宽钟状，蓝色或蓝紫色，长1. 5～1. 8cm，前端1/3开裂，裂片5，三角状卵形；花盘短筒状。蒴果椭圆状球形，极少椭圆状；种子棕黄色，稍扁，有1条棱。花期9—10月。

根可入药，有滋补、祛寒热、清肺止咳的功效。
根煮去苦味后，也可食用。

229 野菊

菊科 茼蒿属 多年生草本

高25～100cm，茎直立或匍匐铺散，上部分枝，有棱角，且有细柔毛。叶互生，卵形、长卵形或椭圆状卵形，长3～9cm，宽1.5～5cm，羽状深裂，顶裂片大，侧裂片常2对，全部裂片边缘或有锯齿，上部叶渐小；全部叶表面有稀疏的短柔毛及腺体，深绿色，叶背面毛较多，灰绿色，基部渐狭成有翅的叶柄，假托叶有锯齿。头状花序在枝顶排成伞房状圆锥花序或不规则的伞房花序，总苞半球形，4层；舌状花雌性，花冠硫黄色；管状花两性。瘦果小，黑色。花、果期9—11月。

全草及根入药，可清热解毒、疏肝明目、降血压。

230 阴山胡枝子

豆科 胡枝子属 落叶灌木

别名白指甲花。最高可达80cm，茎直立或斜升，分枝多，较疏散，下部近无毛，上部被短柔毛。羽状复叶3小叶，侧生小叶较小，顶生小叶较大；小叶长圆形或倒卵状长圆形，先端钝圆或微凹，基部宽楔形或圆形，正面近无毛，背面密被伏毛。总状花序腋生，花冠白色，旗瓣近圆形，先端微凹，基部带大紫斑，花期反卷；翼瓣长圆形，较旗瓣短，与龙骨瓣等长，约6. 5mm，通常先端带紫色；无瓣花密生于叶腋。荚果倒卵形，密被伏毛。花、果期9—11月。

饲用价值很高，全株可药用。

231 愉悦蓼

蓼科 蓼属 一年生草本

茎直立，基部近平卧，多分枝，高50～100cm。叶椭圆状披针形，长3～10cm，宽1～2.5cm，膜质，主脉及叶缘通常疏生细尖伏毛；托叶鞘筒状，疏生伏毛；两面疏生硬伏毛或近无毛，全缘，有短缘毛。总状花序呈穗状，长2～6cm，顶生或腋生；小花柄伸出于苞片上，苞片顶端有睫毛；花被粉红色或白色，5深裂，花被片长圆形，长约3mm。瘦果卵形，长约2mm，有3棱，黑色有光泽。花、果期9—10月。喜生阴湿处。

232 胡颓子

胡颓子科 胡颓子属 常绿灌木

株高3～4m，有棘刺，刺顶生或腋生；小枝开展，被锈褐色鳞片。叶互生，革质，椭圆形或阔椭圆形，长4～10cm，宽2～5cm，顶端短尖或钝，基部圆形，边缘微波状；正面绿白色，有光泽，初有鳞片，后脱落；背面初有银白色和散生褐色鳞片，后变褐色；叶柄粗壮。花银白色或淡黄色，芳香，被褐色鳞片，1～4朵簇生叶腋。果实椭圆形，长约1.5cm，成熟时红色。花期10—11月，果熟期为次年5月。宜配置于林缘、路旁，也可做绿篱。

果熟时味甜可食。根、叶、果实均可供药用，果实可消食止泻，叶治肺虚气短，根治吐血。

233 金毛耳草

茜草科 耳草属 多年生草本

别名石打穿。株高约30cm，基部木质，被金黄色硬毛。叶对生，有短柄，薄纸质，阔披针形、椭圆形或卵形，长20～28mm，宽10～12mm，顶端短尖或凸尖，基部楔形或阔楔形，正面疏被短硬毛，背面被浓密黄色绒毛。聚伞花序腋生，有花1～3朵，被金黄色疏柔毛，近无梗；花萼被柔毛，萼管近球形，长约13mm，萼檐裂片披针形，比管长；花冠白或紫色，漏斗形，长5～6mm，外面被疏柔毛或近无毛，里面有髯毛，上部深裂；花丝极短或缺。果近球形，直径约2mm，被扩展硬毛。花期几乎全年。

全草入药，有清热利湿、解毒消肿的功效。

234 三裂叶薯

旋花科 番薯属 多年生草本

又称小花假番薯、红花野牵牛。茎缠绕或有时平卧，无毛或节上散生毛。叶宽卵形至圆形，长2.5～7cm，宽2～6cm，全缘或有粗齿或深3裂，基部心形，两面无毛或散生疏柔毛；叶柄长2.5～6cm，无毛或有时有小疣。1朵花或少花至数朵花呈伞形状聚伞花序，腋生，花梗有棱，有小瘤突；花冠漏斗状，淡红色或淡紫红色，冠檐裂片短而钝，有小短尖头；雄蕊内藏，花丝基部有毛。蒴果近球形，被细刚毛，2室，4瓣裂；种子长约3.5mm，无毛。花期几乎全年，尤以夏、秋季最盛。可作地被观花植物。是热带地区的野生杂草之一。

科名	名称	始花期	序号
安息香科	垂珠花	5	115
八角枫科	八角枫	5	109
百合科	菝葜	2	1
百合科	老鸦瓣	3	22
百合科	浙贝母	3	42
百合科	荞麦叶大百合	5	140
百合科	山麦冬	5	142
百合科	薤白	5	147
百合科	绵枣儿	7	188
报春花科	点地梅	2	2
报春花科	泽珍珠菜	3	39
报春花科	金爪儿	4	67
报春花科	过路黄	5	126
报春花科	轮叶排草	5	134
车前科	北美车前	5	113
车前科	车前	5	114
唇形科	韩信草	2	4
唇形科	宝盖草	3	12
唇形科	假活血草	3	19
唇形科	金疮小草	3	20
唇形科	细叶风轮菜	3	36
唇形科	半枝莲	4	47

科名	名称	始花期	序号
唇形科	活血丹	4	65
唇形科	筋骨草	4	68
唇形科	荔枝草	4	72
唇形科	野芝麻	4	96
唇形科	益母草	6	173
唇形科	华鼠尾草	7	184
唇形科	薄荷	8	200
唇形科	苏州荠苎	8	218
唇形科	紫苏	8	221
唇形科	海州香薷	9	222
酢浆草科	酢浆草	2	8
酢浆草科	红花酢浆草	3	17
大戟科	油桐	3	37
大戟科	乳浆大戟	4	85
大戟科	算盘子	4	88
大戟科	叶下珠	4	97
大戟科	泽漆	4	102
冬青科	冬青	4	55
冬青科	枸骨	4	59
豆科	南苜蓿	3	26
豆科	刺槐	4	51
豆科	大巢菜	4	52

科名	名称	始花期	序号
豆科	华东木蓝	4	62
豆科	云实	4	100
豆科	紫云英	4	107
豆科	白车轴草	5	110
豆科	杭子梢	5	127
豆科	马棘	5	136
豆科	山合欢	5	141
豆科	紫苜蓿	5	156
豆科	截叶铁扫帚	6	160
豆科	绿叶胡枝子	6	162
豆科	野葛	7	193
豆科	野大豆	8	220
豆科	铁马鞭	9	225
豆科	阴山胡枝子	9	230
杜鹃花科	满山红	4	74
杜鹃花科	映山红	4	98
杜鹃花科	乌饭树	6	167
椴树科	田麻	8	219
防己科	木防己	5	138
禾本科	狗尾草	5	125
禾本科	求米草	7	190
禾本科	狼尾草	8	212

科名	名称	始花期	序号
胡颓子科	胡颓子	10	232
葫芦科	茅瓜	4	75
虎耳草科	虎耳草	5	128
夹竹桃科	络石	5	135
金缕梅科	檵木	5	129
堇菜科	戟叶堇菜	3	18
堇菜科	如意草	3	30
堇菜科	长萼堇菜	3	40
堇菜科	紫花地丁	3	43
堇菜科	紫花堇菜	4	105
锦葵科	木芙蓉	8	214
景天科	凹叶景天	5	108
桔梗科	蓝花参	2	5
桔梗科	半边莲	4	45
桔梗科	卵叶异檐花*	5	133
桔梗科	桔梗	8	209
桔梗科	杏叶沙参	9	228
菊科	春飞蓬	3	13
菊科	苦苣菜	3	21
菊科	抱茎小苦荬	4	48
菊科	翅果菊	4	49
菊科	刺儿菜	4	50

科名	名称	始花期	序号
菊科	稻槎菜	4	54
菊科	黄鹌菜	4	64
菊科	苦荬菜	4	70
菊科	蒲公英	4	80
菊科	日本鼠麴草	4	84
菊科	小苦荬	5	94
菊科	大蓟	5	117
菊科	断续菊	5	121
菊科	林泽兰	5	131
菊科	泥胡菜	5	139
菊科	一年蓬	5	152
菊科	藿香蓟	6	159
菊科	鳢肠	6	161
菊科	马兰	6	163
菊科	旋覆花	6	171
菊科	豨莶	夏季	178
菊科	三脉紫菀	7	191
菊科	下田菊	7	192
菊科	野茼蒿	7	194
菊科	一点红	7	195
菊科	毡毛紫菀	7	198
菊科	狼杷草	8	211

科名	名称	始花期	序号
菊科	婆婆针	8	216
菊科	加拿大一枝黄花	9	223
菊科	陀螺紫菀	9	226
菊科	线叶蓟	9	227
菊科	野菊	9	229
爵床科	九头狮子草	8	208
爵床科	爵床	8	210
兰科	绶草	5	145
楝科	楝树	4	73
蓼科	酸模	3	34
蓼科	杠板归	6	157
蓼科	短毛金线草	7	181
蓼科	伏毛蓼	8	202
蓼科	何首乌	8	206
蓼科	愉悦蓼	9	231
柳叶菜科	丁香蓼	7	180
萝藦科	萝藦	7	185
萝藦科	耳叶牛皮消	8	201
马鞭草科	单花莸	5	118
马鞭草科	豆腐柴	5	120
马鞭草科	海州常山	6	158
马鞭草科	牡荆	6	165

科名	名称	始花期	序号
马鞭草科	紫珠	6	176
马兜铃科	寻骨风	5	148
马兜铃科	马兜铃	7	187
牻牛儿苗科	野老鹳草	4	95
毛茛科	刺果毛茛	3	14
毛茛科	还亮草	3	16
毛茛科	猫爪草	3	24
毛茛科	毛茛	3	25
毛茛科	石龙芮	3	32
毛茛科	天葵	3	35
毛茛科	鹅掌草	4	56
毛茛科	华东唐松草	4	63
毛茛科	威灵仙	6	166
毛茛科	女萎	8	215
木通科	木通	4	77
木犀科	流苏树	3	23
木犀科	小蜡	5	146
葡萄科	乌蔹莓	6	168
茜草科	白马骨	5	111
茜草科	栀子花	6	175
茜草科	鸡矢藤	8	207
茜草科	金毛耳草	全年	233

科名	名称	始花期	序号
蔷薇科	山莓	2	6
蔷薇科	白鹃梅	3	11
蔷薇科	三叶委陵菜	3	31
蔷薇科	掌叶复盆子	3	41
蔷薇科	蓬蘽	4	79
蔷薇科	蛇莓	4	86
蔷薇科	石楠	4	87
蔷薇科	小果蔷薇	4	92
蔷薇科	金樱子	5	130
蔷薇科	茅莓	5	137
蔷薇科	野蔷薇	5	149
蔷薇科	野山楂	5	150
蔷薇科	郁李	5	154
蔷薇科	直立委陵菜	7	199
蔷薇科	高粱泡	8	203
茄科	白英	7	179
茄科	枸杞	8	205
茄科	龙葵	9	224
清风藤科	清风藤	3	28
忍冬科	金银花	4	66
忍冬科	琼花	4	83
瑞香科	芫花	3	38

科名	名称	始花期	序号
三白草科	鱼腥草	5	153
伞形科	窃衣	4	82
伞形科	芫荽	4	99
伞形科	蛇床	5	143
桑科	葎草	7	186
山茶科	木荷	4	76
山茶科	格药柃	8	204
山矾科	四川山矾	3	33
山矾科	白檀	5	112
商陆科	美洲商陆	夏季	177
省沽油科	野鸦椿	5	151
十字花科	碎米荠	2	7
十字花科	安徽碎米荠	3	10
十字花科	二月兰	3	15
十字花科	荠菜	3	27
十字花科	风花菜	5	124
石蒜科	石蒜	8	217
石竹科	繁缕	2	3
石竹科	球序卷耳	3	29
石竹科	女娄菜	4	78
石竹科	漆姑草	4	81
石竹科	太子参	4	89

科名	名称	始花期	序号
石竹科	鹅肠菜	5	123
石竹科	石竹	5	144
石竹科	蝇子草	7	197
柿科	老鸦柿	4	71
藤黄科	地耳草	5	119
藤黄科	元宝草	5	155
天南星科	半夏	4	46
天南星科	云台南星	4	101
天南星科	掌叶半夏	6	174
卫矛科	卫矛	4	91
梧桐科	马松子	8	213
苋科	喜旱莲子草	6	169
玄参科	阿拉伯婆婆纳	3	9
玄参科	弹刀子菜	4	53
玄参科	通泉草	4	90
玄参科	直立婆婆纳	4	103
玄参科	母草	6	164
玄参科	阴行草	7	196
旋花科	打碗花	5	116
旋花科	瘤梗甘薯	5	132
旋花科	牵牛	7	189
旋花科	三裂叶薯	全年	234

科名	名称	始花期	序号
荨麻科	花点草	4	61
荨麻科	小赤麻	6	170
鸭跖草科	鸭跖草	6	172
鸭跖草科	饭包草	7	182
罂粟科	紫堇	3	44
罂粟科	伏生紫堇	4	57
罂粟科	刻叶紫堇	4	69
罂粟科	小花黄堇	4	93
雨久花科	凤眼蓝	7	183
远志科	瓜子金	4	60
紫草科	附地菜	4	58
紫草科	梓木草	4	104
紫草科	盾果草	5	122
紫金牛科	紫金牛	4	106

注:
1. 卵叶异檐花*因未查到花期，故表中采用所摄照片的时间。
2. 本书野花照片多数摄于苏州穹窿山和花山。

参考文献

[1] 舒志钢. 城市野花草 [M]. 北京：机械工业出版社，2013.
[2] 金红云，等. 主要杂草系统识别与防治图谱 [M]. 北京：中国农业科学技术出版社，2016.
[3] 汪劲武. 常见植物识别与鉴赏 [M]. 北京：化学工业出版社，2018.
[4] 刘全儒，王辰. 常见植物野外识别手册 [M]. 重庆：重庆大学出版社，2007.
[5] 张树宝，李军. 园林花卉识别彩色图册 [M]. 北京：中国林业出版社，2014.
[6] 刘启新. 江苏植物志 [M]. 南京：江苏凤凰科学技术出版社，2015.

图书在版编目（CIP）数据

苏州四季野花资源图谱/苏州农业职业技术学院编；傅兵主编. —苏州：苏州大学出版社，2019. 10

ISBN 978-7-5672-2940-2

Ⅰ. ①苏… Ⅱ. 苏… ②傅… Ⅲ. ①野生植物-花卉-苏州-图集 Ⅳ. ①Q949. 4-64

中国版本图书馆CIP数据核字（2019）第202277号

苏州四季野花资源图谱

编　　者/苏州农业职业技术学院
责任编辑/王娅
助理编辑/施放
封面设计/吴钰
版式设计/张天野

出版发行/苏州大学出版社
　　　　苏州市十梓街1号
　　　　（邮政编码:215006）
印　　装/苏州文星印刷有限公司
　　　　苏州市姑苏区庄先湾路宏药新村80号

开　　本/718 mm×1000 mm　1/16
版　　次/2019年10月第1版
印　　次/2019年10月第1次印刷
印　　张/16. 75
字　　数/258 千

ISBN 978-7-5672-2940-2
定　　价/112. 00元